Sulphur
自然硫

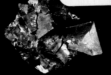

Galena
方铅矿

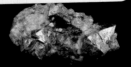

Zircon
锆石

矿物宝石大百科

Chrysocolla
硅孔雀石

图鉴篇

Brookite
板钛矿

Hemimorphite
异极矿

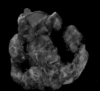

Chalcanthite
胆矾

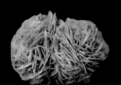

Baryte
重晶石

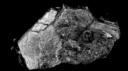

Pyrrhotite
磁黄铁矿

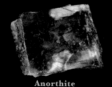

Anorthite
钙长石

Turquoise
绿松石

〔日〕松原聪 〔日〕宫胁律郎 〔日〕门马纲一 著

肖辉 张志斌 饶芷晴 译

河北科学技术出版社
·石家庄·

ZUSETSU KOBUTSU NO HAKUBUTSUGAKU ［DAI2HAN］

by Satoshi Matsubara, Ritsuro Miyawaki, Koichi Monma

Copyright © 2021 by Satoshi Matsubara, Ritsuro Miyawaki, Koichi Monma

All rights reserved.

Original Japanese edition published in Japan in 2021 by Shuwa System Co., Ltd.

This Simplified Chinese edition is published by arrangement with
Shuwa System Co., Ltd, Tokyo in care of Tuttle-Mori Agency, Inc., Tokyo
through Inbooker Cultural Development (Beijing) Co., Ltd., Beijing

版登号：03-2023-192

图书在版编目（CIP）数据

矿物宝石大百科．图鉴篇 ／（日）松原聪，（日）宫
胁律郎，（日）门马纲一著；肖辉，张志斌，饶芷晴译
． -- 石家庄：河北科学技术出版社，2024.3
　　ISBN 978-7-5717-1927-2

　　I．①矿… Ⅱ．①松… ②宫… ③门… ④肖… ⑤张
… ⑥饶… Ⅲ．①宝石—普及读物 Ⅳ．① P578-49

中国国家版本馆 CIP 数据核字（2024）第 048128 号

矿物宝石大百科（图鉴篇）
KUANGWU BAOSHI DABAIKE ［日］松原聪 ［日］宫胁律郎 ［日］门马纲一　著
（TUJIAN PIAN） 肖辉　张志斌　饶芷晴　译

责任编辑：李　虎		经　　销：全国新华书店
责任校对：徐艳硕		开　　本：710mm×1000mm 1/16
美术编辑：张　帆		印　　张：16
装帧设计：璞茜设计		字　　数：240 千字
封面设计：末末美书		版　　次：2024 年 3 月第 1 版
出　　版：河北科学技术出版社		印　　次：2024 年 3 月第 1 次印刷
地　　址：石家庄市友谊北大街 330 号（邮编：050061）		书　　号：978-7-5717-1927-2
印　　刷：天津丰富彩艺印刷有限公司		
定　　价：138.00 元（全两册）		

前 言

矿物中发现的许多元素

我们生活的地球,其体积的约 84% 是由矿物构成的。人类在生活中无法忽视矿物的存在。在古代,人类就已经学会利用矿物发展生产力,创造出了许多璀璨的文明。古人对矿物的重视程度是现代人无法企及的。

即使在现代,矿物仍然是不可或缺的重要资源,人们以矿物为原材料制造工具、高科技产品等,用以维持和发展社会文明。除此之外,矿物还被认为是解开太阳系行星形成之谜的关键。从古至今,人们围绕矿物相关的各种现象,钻研、探索,取得了巨大成就。

其中最突出的有:我们在矿物中发现了众多元素;通过 X 射线衍射法,揭示物质内部原子排列规律的奥秘;通过研究矿物,解读地球内部的信息。本书取其一小部分,围绕矿物,进行图文并茂、通俗易懂的重点介绍。

构成地球的矿物之谜

地球表面大部分被海水、土壤、植物等覆盖,即使只想搞清楚地球表层矿物的分布也并非易事。宇宙空间柔软、密度低,人造探测器能飞到数十亿千米外的天际进行探索。而地球主要是由坚硬且高密度的矿物构成的,以现在的技术水平,仅能到达地表下 10 千米左右的地方,这点儿深度比起地壳厚度来说并不算什么。

法国著名小说家儒勒·凡尔纳在 1864 年到 1870 年间陆续发表了《地心游记》《环绕月球》《海底两万里》等一系列科学幻想冒险小说。小说中构想的火箭(宇宙飞船)和潜水艇(深海探测器)今天已经成为现实,但是小说中的地底探测器仍处于空想阶段,希望我们可以早日梦想成真,发明地底探测器。

在现实中,人们无法直接观察地球内部,只能采取一些方法间接推测地底的情况。比如,通过调查被地质活动带到地表的在地球内部形成的矿物,并在实验室利用高温、高压合成类似性质的矿物,以判断其存在条件;通过记录地震波来测定地球内部岩石的密度;等等。

矿物学还有大量谜团有待解开,值得研究的对象数不胜数。希望读者朋友们阅读完本书后,能对矿物产生兴趣,主动去探索地球的矿物之谜。

充满魅力的矿物

矿物不光具有实用性和科学研究价值，还充满魅力，有许多吸引人的特点。在遥远的过去，人们还不了解矿物的本质，便将其当作工具、装饰品和陪葬品使用，甚至用来象征自己的权力和财富。到了现代也是如此，"治愈石""能量石"这类概念广受人们喜爱。

除此之外，收藏矿物也十分流行。在古代，收藏矿物一直是欧洲富裕阶层的一大爱好。日本进入江户时代后，赏石开始兴起。明治时代，收藏、赏玩矿物的爱好开始广泛流行。

最近，笔者听说日本各地的大型矿物展销会举办得如火如荼，想必越来越多的人对矿物产生了兴趣。这是件好事，但也有消极的一面。有些矿物很受欢迎，但它们的产量有限，所以出现了不少乱挖乱采的现象。希望大家合理开采，保护矿物资源，造福子孙后代。

从矿物中了解地球史

现在我们能找到的大部分矿物都来源于地球。

地球形成之初，太阳系中的气体和固体大规模集聚，由冲击和放射性元素引起的热反应熔化了这些物质。之后，元素在重力和化学的作用下，不断分离、聚合，最终形成地球内部的圈层结构。

直到今天，地球内部还在不停地发生反应，元素的聚合、分散从未停止。一些矿物是在地球诞生之初形成的，一些矿物是后来形成的。

矿物形成后可能会受环境因素影响（温度和压力的变化，气体和液体的侵蚀）而被溶解，也可能发生化学反应转化为其他矿物，地球诞生之初形成的矿物中只有极少数留存至今。

研究矿物是人们了解地球史的重要方法。学习矿物学的一大乐趣便是研究那些记录着地球发展史的矿物。不过，光盯着矿物看，可不会有什么收获，我们要自觉地学习矿物的各种性质。

正是在这种动力的驱使下，我们才在矿物中发现了众多元素，确定了各种矿物的化学成分，搞清楚了矿物的原子排列顺序。在这个过程中，先进的分析仪器发挥了极大的作用。最近，甚至出现了可以进行矿物微观分析的仪器。但是，研究之路漫漫，矿物学还有许多谜团等待人们去解开。

发现新矿物

科学工作的一大乐趣便是发现那些未曾被发现的新现象和新事物，这一点放到矿物学上就是发现新矿物。通过事先推理，预测某些地质环境下可能存在新矿物，最终证实自己的猜想，那份喜悦是难以形容的。

进一步说，如果自己发现的新矿物或用其合成的物质能为人们所用的话，发现者会更加高兴。

认识地球真正的面貌

包括人类在内，地球上所有的生物都生活在地球表层被称为地壳的部分之上。人们讨论地球环境的时候大多会说到土、沙、水、大气、植物和动物。但是，这些物质并不是地球的全部，它们仅存在于地球表层。全球变暖只会威胁生物的生存，对地球本身来说构不成什么影响，而且过去也存在过极其炎热和极其寒冷的时代。通过研究矿物认识地球的真正面貌，对人类来说极其重要。

矿物在自然状态下的晶体形态、颜色、光泽深深吸引着人们。在野外发现自己喜欢的矿物或在矿物展会上遇见稀有的矿物都是十分开心的事情。

想要增加矿物给我们带来的喜悦，就需要学习矿物相关的知识。我们相信本书可以为那些想踏入矿物世界和想要深入学习矿物知识的读者提供很大的帮助。

第二版发行

自 2018 年 4 月第 1 版第 2 次印刷本发行，已经过去 3 年，随着科学研究的进步，书中有一些需要修改的地方。另外，我们还增加了对晶体化学分析和晶体结构分析的更加详细的说明，在矿物图鉴一章中增补了 7 种日本产的新矿物。希望读者朋友们可以更加享受阅读本书带来的乐趣。

2021 年 9 月

◆ 本书的使用方法 ◆

本书通过介绍一些具有代表性的矿物，旨在让读者能够准确地了解其特征、性质以及用途等。此外，本书还会在"小知识"部分讲述有关矿物的小故事或趣事，以读者感兴趣的形式来介绍矿物名称的由来及其他内容。

◆从基本数据中了解矿物的特征

本书针对每种矿物提供了以下基本数据（见后文）：

❶矿物名称	❷英文名	❸化学式	❹特性	❺晶系	❻产状
❼相对密度	❽硬度	❾类别	❿解理	⓫光泽	⓬颜色/条痕色
⓭产地	⓮解说	⓯标本照片			

◆了解矿物的分类法

本书以矿物的分类法（见后文）为基础，按下列分类顺序排列：

自然元素矿物、硫化物矿物、氧化物矿物、卤化物矿物、碳酸盐矿物、硼酸盐矿物、硫酸盐矿物、亚碲酸盐矿物、铬酸盐矿物、磷酸盐矿物、砷酸盐矿物、钒酸盐矿物、钨酸盐矿物、钼酸盐矿物、岛状硅酸盐矿物、双岛状硅酸盐矿物、环状硅酸盐矿物、链状硅酸盐矿物、层状硅酸盐矿物、架状硅酸盐矿物、有机矿物。

每种矿物的分类名称可以在开头的数据栏中找到。

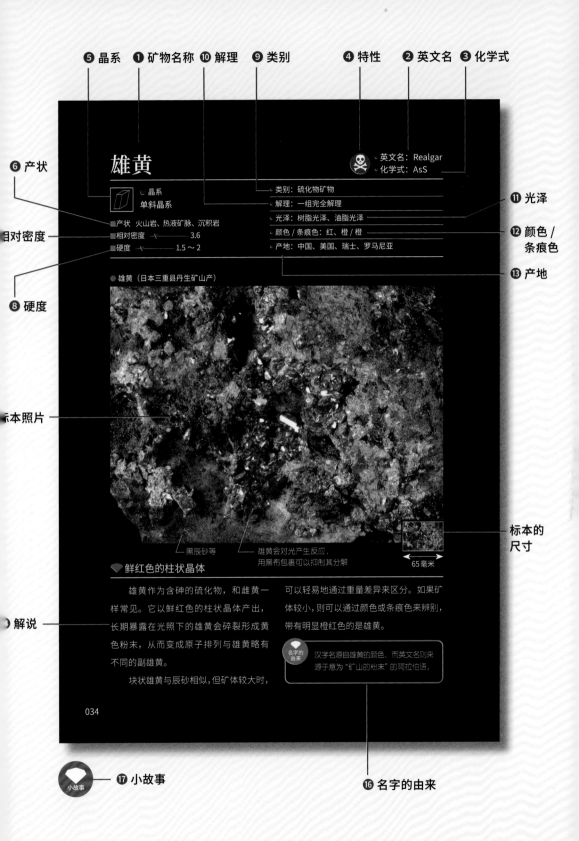

❺ 晶系　❶ 矿物名称　⑩ 解理　❾ 类别　❹ 特性　❷ 英文名　❸ 化学式

❻ 产状

相对密度

❽ 硬度

标本照片

❼ 解说

雄黄

☠　英文名：Realgar
　　化学式：AsS

□　晶系
　　单斜晶系

■ 产状 火山岩、热液矿脉、沉积岩
■ 相对密度 ⋏ ── 3.6
■ 硬度 ⋏ ── 1.5 ～ 2

类别：硫化物矿物
解理：一组完全解理
光泽：树脂光泽、油脂光泽
颜色 / 条痕色：红、橙 / 橙
产地：中国、美国、瑞士、罗马尼亚

⑪ 光泽

⑫ 颜色 /
条痕色

⑬ 产地

● 雄黄（日本三重县丹生矿山产）

黑辰砂等　　雄黄会对光产生反应，
　　　　　　用黑布包裹可以抑制其分解

标本的
尺寸

65 毫米

◆ 鲜红色的柱状晶体

　　雄黄作为含砷的硫化物，和雌黄一样常见。它以鲜红色的柱状晶体产出，长期暴露在光照下的雄黄会碎裂形成黄色粉末，从而变成原子排列与雄黄略有不同的副雄黄。

　　块状雄黄与辰砂相似，但矿体较大时，可以轻易地通过重量差异来区分。如果矿体较小，则可以通过颜色或条痕色来辨别，带有明显橙红色的是雄黄。

名字的由来　汉字名源自雄黄的颜色，而英文名则来源于意为"矿山的粉末"的阿拉伯语。

034

小故事　⑰ 小故事

⑯ 名字的由来

❶ 矿物名称	矿物的日文名称。参照《日本矿物》（2013 年版）中记载的日文名称。
❷ 英文名	英文名由国际矿物学协会（IMA）学术性认可，并记录在数据库中。
❸ 化学式	用来表示该矿物中元素的种类和比例，或是矿物固有的化学式。
❹ 特性	当矿物具有以下特性时会标记相应的图标。🧲表示能够吸引一般磁铁石。☠表示有剧毒。☢表示有放射性。
❺ 晶系	晶系是根据矿物的分子排列来划分的。矿物分子的基本形态是由晶体的形状决定的。
❻ 产状	表示产出该矿物的主要地质单位。通过产状能了解矿物之间的共生关系，对开采也有帮助。
❼ 相对密度	相对密度是指纯净矿物在空气中的重量与同体积纯水重量的比值。密度是以每立方厘米的重量（克）来表示的，单位为 g/cm^3。 由于水的密度大约为 1 g/cm^3，所以相对密度基本与去掉单位的密度数值相同。
❽ 硬度	矿物的硬度可以根据摩氏硬度，用数值来表示。 摩氏硬度是判断矿物硬度的客观标准。 数值越大，矿物就越硬。
❾ 类别	矿物的类别基于其化学成分划分。本书主要根据内克尔·施特龙的《矿物学备表》（第八版）一书将矿物分为十大类。另外，本书并未记载第十类有机矿物。
❿ 解理	晶体沿一定结晶方向裂开成光滑平面的性质。解理有助于识别矿物的类型。
⓫ 光泽	矿物在光的照射下呈现出的一种外观属性，例如金属光泽、树脂光泽、丝绢光泽等。由于其不能被量化，所以一般借用常见物质来形容。
⓬ 颜色 / 条痕色	颜色是指矿物在块状形态呈现的颜色，可能会受晶粒大小等各种因素影响而看起来不同。条痕色是矿物粉末的颜色，可以看出该矿物本身的颜色。
⓭ 产地	主要产地所在的国家或地区。
⓮ 解说	矿物的特征以及它是如何形成的。
⓯ 标本照片	展示矿物标本的照片以及其特征，并标注了鉴定要点和矿物尺寸。
⓰ 名字的由来	矿物名字的由来。
⓱ 小故事	介绍有关该矿物的话题和趣事。

特性

 磁性 只有能够被一般磁铁吸引的矿物才会被标记该图标。因为稀土磁铁等强磁体能够吸引更多矿物，磁性矿物至少一定含有铁、钴或镍中的一种元素。

 毒性 许多矿物直接进入人体（食用）后，会对身体造成伤害。但如果只是平常触摸或观赏的话，并不会带来危险。然而，有时还是难免会出现误将沾有矿石微粒或粉末的手放入口中的情况。因此，只有那些即使微量服用也会产生剧毒的矿物才会被标上该图标。

 放射性 铀是最著名的放射性元素。人们即使不与放射性物质直接接触，也会受到影响，同时辐射可以穿透其他物质对人体产生影响，因此需要谨慎处理。

硬度的指标

摩氏硬度的评判，是以 10 种常见矿物的硬度作为标准，用它们在测试矿物表面进行刻划，然后根据表面划痕的深度来确定其硬度。

硬度	有无划痕	主要矿物
1	最柔软的矿物之一	滑石
2	可以用指甲刻划	石膏
3	可以用硬币刻划	方解石
4	用刀具能够轻易刻划	萤石
5	可以用刀具刻划	磷灰石
6	用刀具不能刻划，刀具会受损	正长石
7	可以在玻璃和钢铁上刻划	石英
8	可以在石英上刻划	黄玉
9	可以在石英和黄玉上刻划	刚玉
10	最硬的矿物	金刚石

晶系的特征

 等轴晶系 三条等长的晶轴相交成 90 度，又被称为"等轴晶系"。
自然金、金刚石、磁铁矿、岩盐等。

 四方晶系 三条晶轴中的两条长度相等，且三条晶轴都垂直相交。
黄铜矿、锡石、锆石、鱼眼石等。

 六方晶系 四条晶轴中的三条长度相等且处于同一平面，以 120 度相交，
剩下的一条晶轴在交点处垂直相交于其他三条。
辉钼矿、铜蓝、绿柱石、磷灰石等。

 三方晶系 三条等长的晶轴都以相同角度（非 90 度）相交。另外，其所
有的面都呈菱形。三方晶系在有的分类方法中也会被划分为
六方晶系的一种。
辰砂、赤铁矿、方解石、石英等。

 斜方晶系 三条不同长度的晶轴都垂直相交。
自然硫、文石、重晶石、黄玉等。

 单斜晶系 三条不同长度的晶轴相交，其中两条晶轴间的夹角为 90 度。
雄黄、蓝铜矿、石膏、白云母等。

 三斜晶系 三条不同长度的晶轴，都以不同角度（非 90 度）相交。
绿松石、蓝晶石、蔷薇辉石、斜长石等。

 非晶系 无规则，没有晶体结构。
自然汞、蛋白石等。

分类

目前来说，主流的矿物分类方法都是基于化学成分和晶体结构进行分类的。本书采用的是基于化学成分的分类法。下面我们来了解一下各个类别的特征。

分类	特征	主要矿物
自然元素矿物	主要成分（矿物的本质成分，而非通过置换等方式得到的微量元素）为单一元素的矿物	金刚石、石墨
硫化物矿物	硫元素与金属元素结合后形成的化合物、硫化物矿物存在于地壳中，种类繁多，并在局部大量集中形成矿床，进而成为金属资源	黄铜矿、方铅矿
氧化物和氢氧化物矿物	氧（或氢氧根离子 OH^-）和阳离子结合的矿物，除氧酸盐矿物（如含有 CO_3、SO_4、PO_4、SiO_4 的矿物）以外	刚玉、尖晶石
卤化物矿物	氟和氯等卤素作为主要成分结合而成的矿物。同时含有卤素和氢氧根离子的矿物（如氯铜矿等）也被归为此类	萤石、岩盐
碳酸盐矿物	由碳酸根离子（CO_3^{2-}）组成的矿物，三角形的中心为碳元素（C），氧元素（O）位于三个顶点	方解石、白云石、文石
硼酸盐矿物	在硼酸根离子中，有与碳酸离子同样在三角形的 3 个顶点配有氧（O）的 BO_3^{3-}，和在四面体的 4 个顶点配有氧（O）的 BO_4^{5-}，如硫酸根离子、磷酸根离子、硅酸根离子等	逸见石、硼钠钙石（电视石）
硫酸盐矿物	以四面体配位的硫酸根离子（SO_4^{2-}）为主要成分的矿物	石膏、重晶石
磷酸盐矿物	以四面体配位的磷酸根离子（PO_4^{3-}）为主要成分的矿物。砷（As）置换磷（P）后形成的砷酸盐矿物、钒（V）置换磷（P）后形成的钒酸盐矿物也被分为此类	蓝铁矿、磷灰石
硅酸盐矿物	硅酸盐矿物作为晶体结构的基本要素，其特征是拥有以硅（Si）为中心的正四面体且在各顶点配有氧（O）的 SiO_4^{2-} 四面体	石榴石、普通辉石、白云母
有机矿物	主要由以碳为主体的有机化合物分子等形成的矿物	尿酸石等

产状概念图

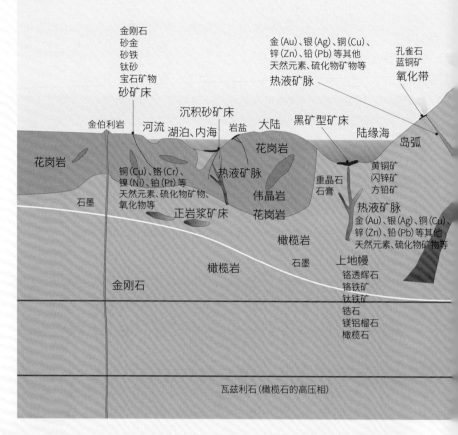

产状	特征
岩浆岩	岩浆岩是岩浆冷凝后形成的岩石。岩浆岩主要分为两类：地下深处缓慢冷凝而成的深成岩，以及在地表附近迅速冷凝而成的浅成岩
深成岩	岩浆岩的一种
火山岩	岩浆岩的一种
热液矿脉	热液从岩石裂缝喷出，冷却形成矿物，在此处可以发现许多金属矿物、石英等。热液矿床中有许多值得开采且有价值的矿物
伟晶岩	深成岩冷凝时，普通造岩矿物无法进入的化学成分与大量发挥性成分，在岩石中呈脉状和透镜状凝固。伟晶岩中常见的有花岗伟晶岩，有时还伴有较大晶粒的石英岩、长石、云母石等，与绿柱石、电气石、黄玉、萤石等矿物一同产出。伟晶岩就是一个拥有美丽晶体和珍贵矿物的宝库
沉积岩	沉积岩是由外来矿物颗粒和岩石碎片沉积而成的岩石。沉积岩中有一些抗风化的、未蚀变的矿物
沉积物	沉积物尚未固结成岩，其中有尚未凝固、抗风化能力强的矿物，如金刚石、蓝宝石、尖晶石、砂金、砂铁（磁铁矿、钛铁矿等）等

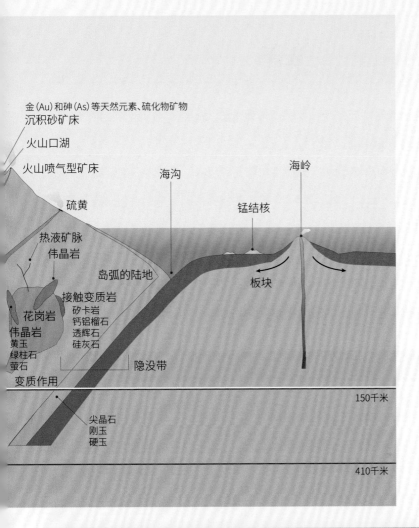

金（Au）和砷（As）等天然元素、硫化物矿物

沉积砂矿床

火山口湖

火山喷气型矿床

海沟

海岭

硫黄

锰结核

热液矿脉

伟晶岩

岛弧的陆地

板块

接触变质岩

矽卡岩

钙铝榴石

透辉石

硅灰石

花岗岩

伟晶岩

黄玉

绿柱石

萤石

隐没带

变质作用

150千米

尖晶石

刚玉

硬玉

410千米

产状	特征
蒸发岩	蒸发岩是内海和湖泊水分蒸发后，盐类沉淀形成的矿物。岩盐矿层就是个很好的例子
变质岩	变质岩是已有的岩石由于压力和温度增加，发生变质作用而形成的。在变质过程中，原有矿物的结构会发生变化，甚至会形成新的矿物。区域变质岩是由区域变质作用形成的一类变质岩，主要种类有片麻岩和结晶片岩。与岩浆接触的部分受变质作用形成的岩石被称为接触变质岩。如果原始岩石中金属含量高，则会在变质岩中形成矿床。在日本，人们发现了层状含铜硫化铁矿床（别子矿山、日立矿山等）和变质锰矿床（大和矿山、御斋所矿山等）等。另外，蛇纹石作为变质岩的代表，由橄榄岩发生变质作用而形成
矽卡岩	富含钙或镁的岩石（如石灰岩和白云岩等）受变质作用，形成以钙镁硅酸盐为主要成分的岩石，被称为矽卡岩。这些矿物有钙铝榴石、符山石、斧石、透辉石、硅灰石等。矽卡岩矿床聚集了许多有价值的金属矿物，代表矿山有釜石矿山、神冈矿山等
氧化带	当地下形成的矿物暴露在地表附近，或暴露在雨水、空气中时，有时会发生化学变化，分解成其他矿物。在氧化带中可以发现金属氧化物、氢氧化物、碳酸盐、硫酸盐和磷酸盐等矿物

光泽

　　光照射在矿物表面时的反射光和质感被称为光泽。每种矿物都具有独特的光泽，这对肉眼辨别矿物有一定帮助。

　　矿物的光泽取决于矿物表面的状态特性，如光反射率、折射率和透明度等，但这些特性都无法数值化，因此，我们经常会以常见的物质或矿物来描述它们的光泽。光泽主要包括金属光泽、金刚光泽、玻璃光泽、树脂光泽、油脂光泽、珍珠光泽、丝绢光泽和土状光泽等。

　　光泽并不像硬度和名称那样根据国际标准来决定，而是各有其分类方式。因此，可能有些分类方法与下表不同，下表的分类也仅供参考。

光泽	特征	主要矿物
金属光泽	矿物表面光滑不透明，反光效果极强	黄铜矿、磁铁矿
金刚光泽	矿物透明或半透明，光的折射率高	金刚石、闪锌矿
玻璃光泽	矿物透明或半透明，光的折射率一般	石英、黄玉、绿柱石
树脂光泽	拥有如塑料或漆面般光滑的光泽	自然硫、蛋白石
油脂光泽	呈现出像被清漆或润滑油等油类涂抹过的油亮光泽	霞石
珍珠光泽	在光的干涉下可见七彩色或解理面反射的柔软光线	白云母
丝绢光泽	如纤维般的条纹呈同一方向出现在矿物表面	石棉
土状光泽	基本不反光，缺少光泽	高岭石

金属光泽
黄铜矿
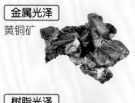

金刚光泽
金刚石

玻璃光泽
黄玉

树脂光泽
蛋白石

珍珠光泽
白云母

土状光泽
高岭石

矿物宝石大百科 [图鉴篇]

目录

矿物图鉴

矿物图鉴

为了了解各类矿物独特又迷人的颜色和形状，本书采用
基于化学成分的分类顺序，介绍了约 180 种矿物。

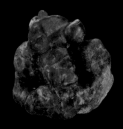

自然金

英文名：Gold
化学式：Au

晶系
等轴晶系

■产状 热液矿脉、变质岩、伟晶岩、沉积岩、沉积物

■相对密度 ——————— 19.3（纯金）

■硬度 ——/———— 2.5～3

类别：自然元素矿物

解理：无

光泽：金属光泽

颜色/条痕色：黄金/金

产地：美国、澳大利亚、南非、中国

● 矿脉中的自然金（日本宫城县女川矿山产）

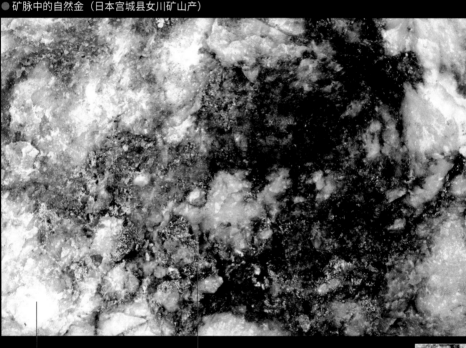

石英　　　　　　　　　　自然金

50毫米

◆ 从硬度和颜色、条痕色迅速辨别自然金

自然金一般呈颗粒状、胡须状、树枝状、苔藓状和块状产出，偶见立方体、八面体或菱形十二面体晶体。细小的自然金与黄铜矿、黄铁矿相似，但可以通过其硬度和颜色、条痕色进行检测区分。

金的原子排列与银和铜相似，所以金与银、铜易制成合金。日本的天然金含有不同比例的银，但含铜量较低。

一般来说，在低温下形成的自然金往往含银量较高（其颜色为略带灰白的

金黄色），而中、高温下形成的自然金往往含银量较低。

● 自然金晶体（日本兵库县中濑矿山产）

自然金晶体　　　石英（水晶）

← 3毫米 →

● 砂金（日本北海道纹别市八十士产）

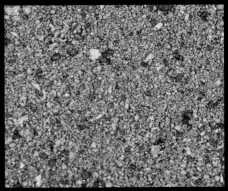

　　砂金因银离子从表面被剥蚀，所以含金量相对较高。砂金有时会与风化后冲到河里的黑云母或蛭石混淆。黑云母受到敲击会碎，而砂金因具有延展性，无法被敲碎。

003

自然银

晶系
等轴晶系

■产状　热液矿脉、氧化带
■相对密度 —— 10.1～11.1
■硬度 —— 2.5～3

英文名：Silver
化学式：Ag

类别：自然元素矿物
解理：无
光泽：金属光泽
颜色／条痕色：银白／银白
产地：美国、摩洛哥、墨西哥、挪威

● 矿脉中的自然银（日本栃木县足尾矿山产）

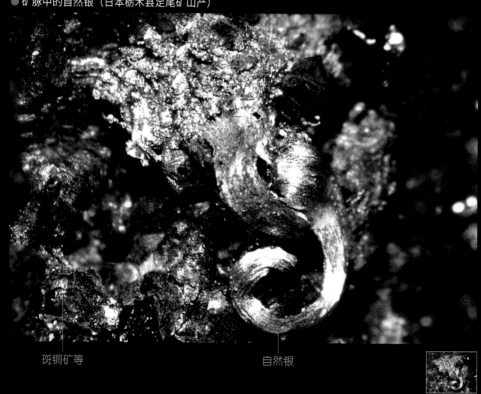

斑铜矿等　　　　　　　　　　　　　　自然银

20毫米

🔹 自然银无晶体形状，不含金或铜

　　自然银一般呈胡须状、树枝状、苔藓状和箔状产出，几乎不可见其晶体形状。该形态的自然银不含金或铜。有些所谓的自然金（银金矿，是金和银的合金），其含银量虽然高于金，但根据分类法的定义，被定为自然银。自然银在空气中与硫化物发生反应后会形成硫化银，此时，矿物表面会开始慢慢呈现黑色。

自然铜

英文名：Copper
化学式：Cu

∟ 晶系
等轴晶系

- ■产状　岩浆岩、热液矿脉、变质岩、氧化带
- ■相对密度 ———\——— 8.95
- ■硬度 —\———\——— 2.5 ～ 3

- 类别：自然元素矿物
- 解理：无
- 光泽：金属光泽
- 颜色 / 条痕色：铜红 / 铜红
- 产地：美国、俄罗斯、澳大利亚

● 氧化带中的自然铜（日本栃木县小来川矿山产）

←—— 55毫米 ——→

赤铜矿

—— 自然铜

矿物图鉴

◆ 自然铜在空气中会与氧气、二氧化碳和水发生反应

　　自然铜主要以颗粒状或块状在岩浆岩和变质岩中产出，以树枝状或金属薄片状在氧化带中产出。 在呈树枝状的自然铜中可见细小的六立方体和菱形十二面体晶面。

　　自然铜的新鲜断口呈铜红色。长期暴露在空气中的自然铜表面有时会被红褐色或黑褐色的氧化铜化合物或绿色的含水碳酸铜化合物覆盖。

名字的由来

塞浦路斯岛曾经盛产自然铜，其英文名就来源于该岛的拉丁语名 cupriumaes（塞浦路斯金属）。

自然汞

英文名：Mercury
化学式：Hg

○ 晶系
非晶系

■产状　热液矿脉
■相对密度 ━━━━━━━ 13.6
■硬度 ━━━━━━━ 一

类别：自然元素矿物
解理：无
光泽：金属光泽
颜色 / 条痕色：银 / 无
产地：西班牙、德国、美国

● 自然汞（美国产）

石英

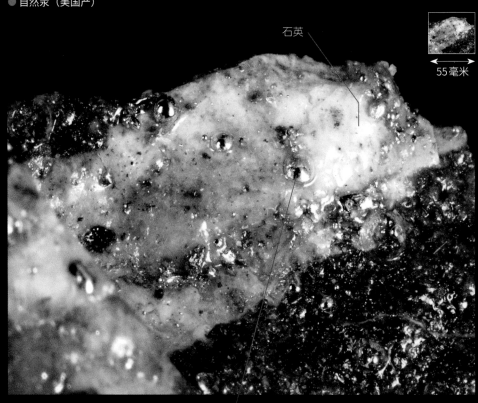

55毫米

自然汞

💎 常温下的液体矿物

　　自然汞是常温环境下唯一的液体矿物。它在标准大气压下且温度低于约 -40℃时会变成三方晶系的晶体。自然汞在低温热液矿脉中与辰砂相伴产出。

　　自然汞易挥发，标本长期放置可能会消失。汞蒸气十分危险，应当于密封的容器中贮存。

自然铁

英文名：Iron
化学式：Fe

○ **晶系**
等轴晶系

类别：自然元素矿物

解理：无

光泽：金属光泽

颜色 / 条痕色：钢灰 / 钢灰

产地：丹麦格陵兰岛、俄罗斯西伯利亚

■ **产状** 火山岩、变质岩
■ **相对密度** ——— 7.9
■ **硬度** ——— 4

● 自然铁（俄罗斯西伯利亚产）

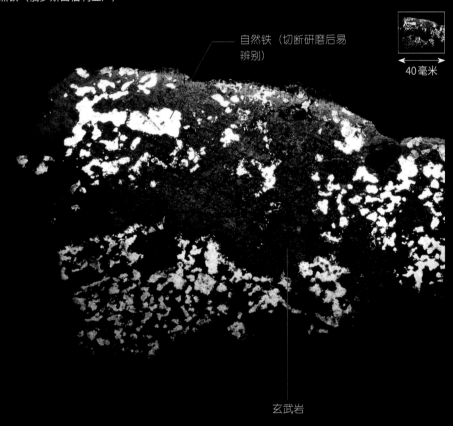

自然铁（切断研磨后易辨别）

40毫米

玄武岩

◆ 在玄武岩和蛇纹岩中能发现自然铁

自然铁相当于 α 相的金属铁矿物（体心立方结构，α- 铁）。在格陵兰岛的玄武岩和蛇纹岩中可见自然铁，但在普通岩石中较为罕见。在陨石 (尤其是铁陨石)中，自然铁又被分为含镍较少的自然铁（又称铁纹石) 和含镍丰富的镍纹石（原子排列与 α- 铁不同的 γ- 铁）。

来自远古海洋的恩惠——条带状铁建造

条带状铁建造，又称条带状铁矿床，是铁矿石的矿床，具有独特的条纹花纹。一般会形成大规模的矿床。

●放氧生物——蓝藻

现代工业中使用的大多数铁矿石都是从条带状铁矿床中开采出来的。早在远古时代，也就是 38 亿至 19 亿年前，这些铁矿床主要沉积在浅海的底部。

地球形成初期，大气的主要成分是二氧化碳和氮，并没有氧气。大量的铁以 Fe^{2+} 离子的形式溶解在海水中。大约在 38 亿年前，光合放氧生物蓝藻出现了。

●叠层石（玻利维亚产）

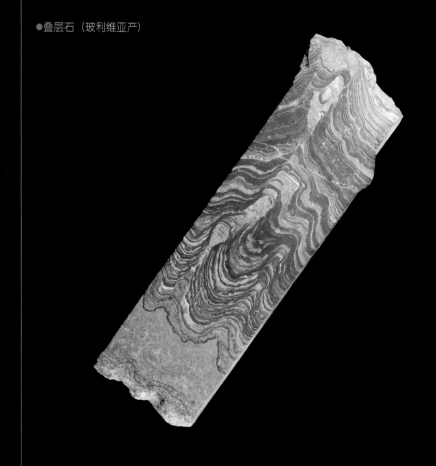

●在世界各地的浅海中不断沉积的铁

蓝藻产生的氧气能将海水中的 Fe^{2+} 离子氧化成 Fe^{3+} 离子，Fe^{3+} 离子的溶解度很低，所以无法溶尽的铁会变成氧化铁，不断在海中沉积。

蓝藻只能生活在有阳光照射的浅海。尽管深海中缺少供氧，但依旧会有许多 Fe^{2+} 离子溶解，当海流将 Fe^{2+} 离子带到含氧的浅海中，就会发生沉淀。

在世界各地的浅海中，铁的沉淀不断进行着，直到海水中所有的 Fe^{2+} 离子都被氧化和沉淀，最终形成条带状的铁矿床。

●遗骸化石形成的条状岩石

叠层石是由蓝藻的遗骸和其他海中沉淀物形成的条纹状化石，它与条带状铁矿床一同被发现。如今，在西澳大利亚鲨鱼湾，还可以看到蓝藻形成叠层石的样子。

●叠层石（西澳大利亚鲨鱼湾产）

寻找白金

　　白金除了含有真正的白金（铂金）外，有时还含有钯金等铂族金属。在日本，白金从未被大量开采过。

●白金的产地——日本北海道

　　据记载，在北海道的某些地方，白金曾在河流沉积物中作为白金砂被开采。在穿越中部且发源于南北走向山脉的河流，尤其是在手盐川流域，经常能在其腹地找到蛇纹岩的岩体。

　　北海道也是砂金的产地，白金有时也会与砂金一同被开采出来。当然，也有一些地方只产砂金或白金。大多数白金砂都是锇铱钌合金（也就是铱锇矿）。

　　在北海道，已知矿物还有铂、铂铁合金、铂砷化物、铱和钌等含砷硫化物，以及少量的钯锑合金等。

●超基性岩是铂金砂的来源之一

　　那么，白金究竟从何而来？尽管人们很早就开始进行相关调查，但从未听说在大块岩石中发现过白金。

　　在靠近日高山脉南端的样似町，幌满岩体十分出名。幌满岩体是一种特殊的岩体，是在上层地幔中形成的超基性岩，它是在几乎未受到变质作用的情况下，上升到地表形成的。

　　超基性岩主要有：几乎全由橄榄石组成的邓尼岩（纯橄榄岩，Dunite）、主要由橄榄石和顽火辉石组成的哈尔茨堡岩（方辉橄榄岩，Harzburgite），以及主要由橄榄石、顽火辉石和透辉石组成的二辉橄榄岩（lherzolite）等。

　　其中二辉橄榄岩颇为有趣，包含尖晶石、斜长石、镍黄铁矿、自然铜等其他矿物。2008年和2011年，人们在二辉橄榄岩的岩体中发现了三种新的铜铁镍硫化物矿物（苫木矿、幌满矿、样似矿）。

　　2010年前后，我们在对附近采集到的二辉橄榄岩进行分析时，本想调查其中是否含有苫木矿，却意外地发现了白金。但是这种白金含量十分低，用电子显微镜才能勉强看到。我们对其做了化学分析，也大概知道当中含有哪些元素及各元素的大致含量。但它的含量实在是太低了，我们无法做出精确的定量分析（以称量的方式测定含量）。然而，我们还是推测出其可能含有的矿物：碲钯矿（钯碲合金）、碲铂矿（铂碲合金）、自然锇、自然铂和铑铱硫化物（无法断定是否含有硫铱铑矿等三种矿物）。撇开矿物的类型和大小不谈，我们再次认识到，这类超基性岩也是白金砂的来源之一。

●二辉橄榄岩（日本北海道幌满产）

●与镍铁铜（Ni-Fe-Cu）硫化物伴生的铂铱（Pt-Ir）矿物

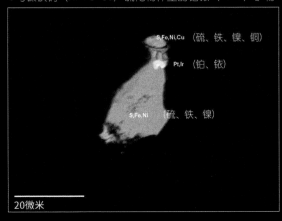

S,Fe,Ni,Cu（硫、铁、镍、铜）
Pt,Ir（铂、铱）
S,Fe,Ni（硫、铁、镍）
20微米

左边的照片为岩石的一部分经抛光后，在电子显微镜下观察得到的背散射电子像。发光的地方为含铱的自然铂金。

自然铂

晶系
等轴晶系

类别：自然元素矿物

■产状 深成岩、变质岩、沉积物、沉积岩

解理：无

■相对密度 ———————7 21.5

光泽：金属光泽

■硬度 ——7——— 4～4.5

颜色 / 条痕色：银白、钢灰 / 浅钢灰

产地：俄罗斯、哥伦比亚、南非

● 自然铂（俄罗斯产）

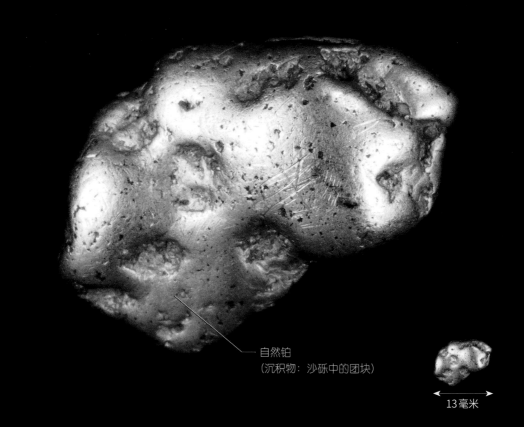

自然铂
（沉积物：沙砾中的团块）

13毫米

🔶 自然铂与铂族金属矿物无法用肉眼区分

自然铂可与铑、钯、铱和铁形成合金。它的集合体常呈不规则的粒状或块状，作为橄榄岩、蛇纹岩和辉长岩中以及它们风化搬运的铂砂产出。自然铂与其他的铂族金属矿物无法用肉眼进行区分。

自然锇

英文名：Osmium
化学式：Os

○ 晶系
六方晶系

- ■产状　深成岩、沉积物、沉积岩
- ■相对密度　────── 17 ～ 21
- ■硬度　────── 6 ～ 7

- 类别：自然元素矿物
- 解理：一组完全解理
- 光泽：金属光泽
- 颜色 / 条痕色：钢灰 / 钢灰
- 产地：美国、加拿大、俄罗斯、南非

● 自然锇（日本北海道夕张市产）

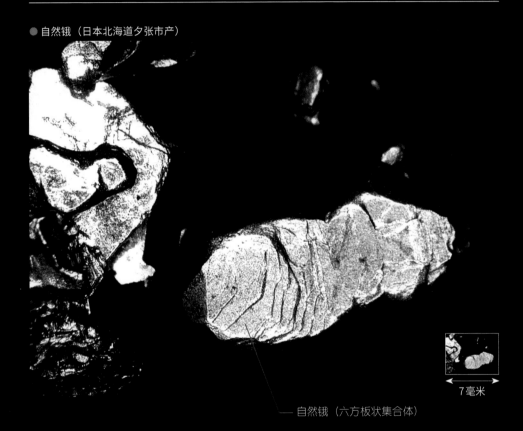

7毫米

── 自然锇（六方板状集合体）

◆ 常见于铂砂中的自然锇

　　铂砂中含有锇，还含有铱和钌。自然锇曾被称为铱锇矿。它通常呈颗粒状产出，罕见六方板状晶体。

> **名字的由来**　锇加热至高温时被氧化，生成具有挥发性的剧毒的氧化物，带有刺鼻气味。其英文名来自意为"臭味"的希腊语。

自然砷

☠️ 英文名：Arsenic
化学式：As

晶系
三方晶系

■产状 热液矿脉、矽卡岩
■相对密度 —————— 5.7
■硬度 —————— 3

类别：自然元素矿物
解理：一组完全解理
光泽：金属光泽
颜色 / 条痕色：锡白 / 锡白
产地：俄罗斯、法国、德国

● 块状的自然砷（日本群马县砥泽矿山产）————— 雄黄

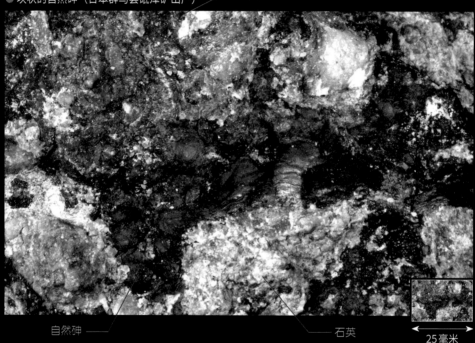

自然砷 ————— ————— 石英

←——→ 25毫米

💎 亚砷酸是有剧毒的白色粉末

　　自然砷的新鲜断口呈锡白色的金属光泽，在光泽逐渐消失后会变成黑褐色。此外，其表面有时会冒出白色粉末。

　　这种白色粉末就是有剧毒的三氧化二砷，俗称亚砷酸（当亚砷酸作为矿物时，要么是等轴晶系的砷华，要么是单斜晶系的白砷石），接触后需要用水彻底清洗双手。

● 菱形晶体的自然砷（日本福井县赤谷矿山产）

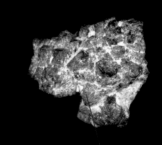

菱形晶体聚集在一起，形成类似冰糖晶体的形状

自然铋

英文名：Bismuth
化学式：Bi

○ 晶系
三方晶系

■产状 伟晶岩、热液矿脉、矽卡岩
■相对密度 ——————— 9.7 ～ 9.83
■硬度 ——————— 2 ～ 2.5

类别：自然元素矿物
解理：一组完全解理
光泽：金属光泽
颜色 / 条痕色：银白 / 银白
产地：澳大利亚、德国、玻利维亚

● 自然铋（日本兵库县明延矿山产）

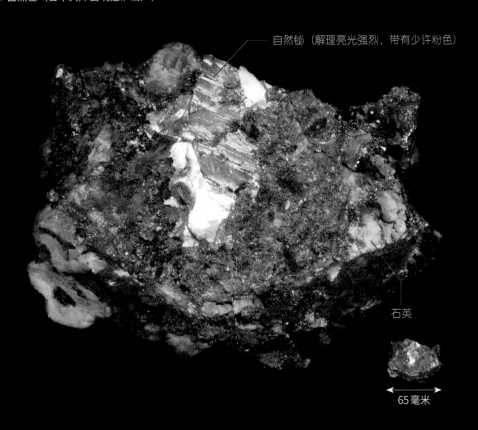

自然铋（解理亮光强烈，带有少许粉色）

石英

←——→ 65毫米

矿物图鉴

◆ 自然铋的表面会逐渐从银白色变成粉色调

　　自然铋的原子排列与自然砷和自然铋相似。就产量而言，自然铋较为常见，而自然砷较为罕见，自然锑就极其罕见了。自然铋表面的颜色会逐渐从银白色变成粉色调。另外，自然铋还会与脉石的接触部分发生变质作用，形成铋的氧化物或碳酸盐（泡铋矿）。

自然碲

英文名：Tellurium
化学式：Te

晶系
三方晶系

■产状　热液矿脉
■相对密度 ——————— 6.1～6.3
■硬度 ——————— 2～2.5

类别：	自然元素矿物
解理：	三组完全解理
光泽：	金属光泽
颜色／条痕色：	锡白／灰
产地：	墨西哥、美国、罗马尼亚、日本

● 自然碲（日本静冈县河津矿山产）

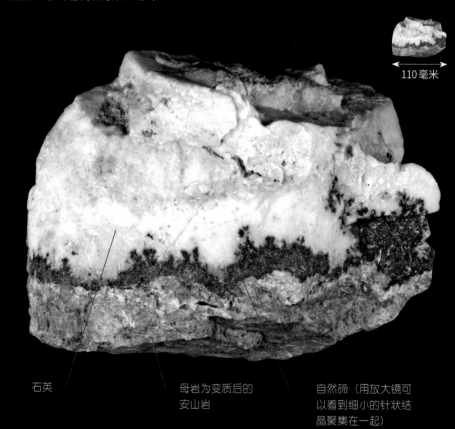

110毫米

石英

母岩为变质后的
安山岩

自然碲（用放大镜可
以看到细小的针状结
晶聚集在一起）

🔹 自然碲是一种稀有的矿物

　　自然碲是一种稀有的矿物。它在石英矿脉中以针状集合体形成的块状、带状产出。在石英矿脉的空隙中可以发现细小的六方柱状晶体。当自然碲变质时，表面会覆盖一层黄白色的氧化碲。

自然硫

英文名：Sulphur
化学式：S

晶系
斜方晶系

■产状 火山岩、热液矿脉、沉积岩
■相对密度 ————— 2.05 ～ 2.08
■硬度 ————— 1 ～ 2

类别：自然元素矿物

解理：无

光泽：树脂光泽～油脂光泽

颜色／条痕色：黄／白

产地：意大利、日本、墨西哥

● 块状的自然硫（日本静冈县宇久须矿山产）

75毫米

自然硫

▲ 自然硫靠近火焰时会燃烧产生臭气。

◆ 自然硫作为炼油过程中的副产品被大量生产

对火山大国日本来说，自然硫是一种十分常见的矿物。在火山口周围，可见黄色块状的自然硫，或由尖锐的八面体晶体组成的晶簇状集合体。

自然硫作为化学工业重要的原料之一，在日本被大规模开采过。至今，它仍然作为石油冶炼过程中产生的副产品，被广泛地使用。

● 块状的自然硫（日本栃木县那须岳产）

矿物图鉴

金刚石（钻石）

英文名：Diamond
化学式：C

晶系
等轴晶系

类别：自然元素矿物

解理：四组中等解理

光泽：金属光泽

颜色 / 条痕色：无色 / 无色

产地：俄罗斯、安哥拉、南非、加拿大

■产状　岩浆岩、变质岩、沉积物、沉积岩、陨石
■相对密度 ▬▬▬▬▬▬ 3.52
■硬度 ▬▬▬▬▬▬ / 10

● 八面体形态的金刚石（南非产）

1.5毫米

▲ 嵌在母岩（金伯利岩）中的金刚石标本极为罕见，大多数标本都是后期把
　金刚石黏在母岩上的仿冒品。

◆ 金刚石在岩浆喷出时被带到地表

　　纯净的金刚石本身是无色的，但通常因含有氮杂质而呈现淡黄色。粉色、橙色、绿色或紫色的金刚石较为罕见。含硼的金刚石呈蓝色。

　　当岩浆从地下超过 150 千米的深处喷出时，会将金刚石带到地表。此外，在超高压变质岩和陨石中也会形成微小的金刚石。

● 菱形十二面体的金刚石（南非）

4毫米

● 希望之钻（45.5 克拉）
The Hope Diamond

世界上最大的蓝色钻石，也是众多故事中"被诅咒的宝石"的原型。然而，关于这颗钻石的故事是否真实，还未得到证实。目前，该金刚石被收藏在美国史密森尼国家自然史博物馆中。

※ 目前以不同的设计样式展出。

● 蒂芙尼黄钻（128.54 克拉）
The Tiffany Diamond

这颗黄钻被收藏在美国纽约第五大道的蒂芙尼旗舰店中，名为"蒂芙尼黄钻"。它的原石于 1877 年在南非被发掘，次年被蒂芙尼的创始人收购，此后再也没有更换过持有者。

我们身边的金刚石

金刚石作为无人不知的宝石之一，也是财富和美丽的象征，但大多数人可能对它并不熟悉。

●金刚石的惊人之处

金刚石不仅漂亮，且硬度高，导热性好，具有极佳的物理特性，应用范围也很广泛。当我们以为如此美丽的金刚石遥不可及时，殊不知它与我们的日常生活息息相关。

金刚石常被用作耐磨损的工具和研磨剂，还被用来切割玻璃和制作唱片机的唱针。

除此之外，工程切割机的刀刃上也嵌入了金刚石，用来切割路面和建筑物。除了用于工业的天然金刚石，合成金刚石也被大量使用。

●克服金刚石的弱点

金刚石的合成需要在高压、高温的条件下进行。只要满足合成条件，就可以合成无色、透明的金刚石单晶体。但若是混入了空气中的氮气，就会形成黄色晶体。

另外，还出现了化学气相沉积（CVD）这类不需要超高压的化学技术，并以该方法为基础制作金刚石薄板等材料。随着合成金刚石的厚度和透明度逐渐提高，如今的合成金刚石原料的品质已经可以和宝石原料相媲美。

纳米多晶金刚石作为"最硬人造金刚石"而被人所知，它克服了解理的弱点（在特定方向易断裂），作为优秀的材料也备受瞩目。

●金刚石作为高科技材料被应用

金刚石被广泛应用于通信设备，成为一种高性能的声表面波滤波器。此外，金刚石不光用于大规模集成电路的散热板，还有望成为一种新型的半导体材料。

●日本人的金刚石消费量

据估计，世界金刚石的年产量接近 1.3 亿克拉。工业用的天然金刚石则不到该数量的一半。

然而，合成金刚石的产量还是在迅速增长，其中中国（40 亿克拉）遥遥领先。

其次是美国（9820 万克拉）、俄罗斯（8000 万克拉）、爱尔兰（6000 万克拉）、南非（6000 万克拉）。日本也紧随其后，以每年约 3400 万克拉的产量名列前茅。日本的工业用金刚石消费量在每年 1 亿克拉左右。这也就意味着日本每年人均消费金刚石 1 克拉左右。

石墨

英文名：Graphite
化学式：C

晶系
六方晶系

■产状 深成岩、变质岩、沉积岩
■相对密度 —————— 2.21～2.26
■硬度 —————— 1～2

类别：自然元素矿物

解理：一组完全解理

光泽：半金属光泽、土状光泽

颜色 / 条痕色：黑 / 黑

产地：印度、马达加斯加、意大利、俄罗斯

● 石墨（日本北海道音调津矿山产）

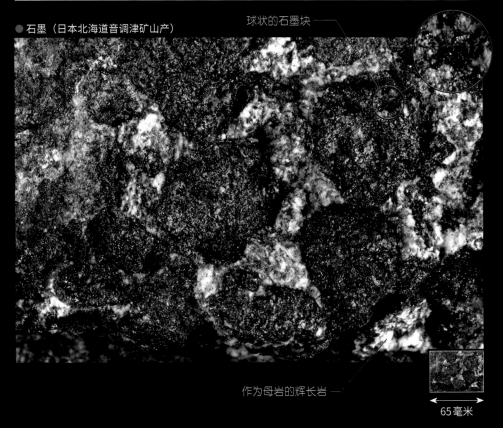

球状的石墨块

作为母岩的辉长岩

65毫米

◆ 元素矿物中产量最多的矿物

　　石墨通常以不透明的黑色块状、土状或其他集合体的形态产出，带有金属光泽的六方鳞片状晶体较为罕见。

　　由于石墨与金刚石的原子排列不同，它们在硬度、相对密度和导电性等众多物理特性上也有所不同。

名字的由来　石墨的英文名来源于意为"书写"的希腊语，因为它常被当作铅笔芯来使用。另外，黑色的石墨如铅一样柔软，因此又被称为 black lead（英语）、plumbago（拉丁语），即黑铅。

螺硫银矿

英文名：Acanthite
化学式：Ag₂S

晶系 单斜晶系	类别：硫化物矿物
	解理：无
■产状 热液矿脉	光泽：金属光泽
■相对密度 —————— 7.19～7.24	颜色/条痕色：黑/黑
■硬度 —————— 2	产地：墨西哥、挪威、德国、捷克

● 螺硫银矿（日本静冈县清越矿山产）

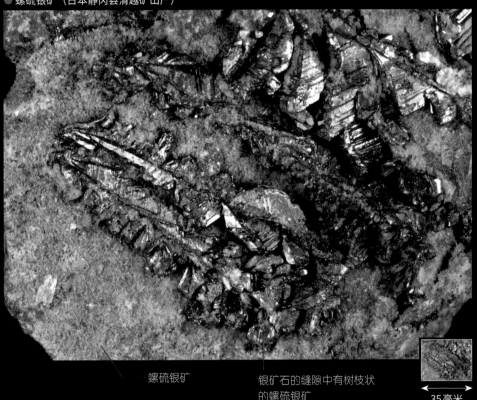

螺硫银矿

银矿石的缝隙中有树枝状
的螺硫银矿

←——→ 35毫米

◆ 螺硫银矿作为银的硫化物最多产

　　在高温下形成的螺硫银矿为等轴晶系（辉银矿）。在常温下，它的原子排列会向单斜晶系的硫化银型转变。螺硫银矿是最常见的银的硫化物。在日本，石英矿脉中呈黑色带状、环状或块状的螺硫银矿曾被称为银黑。它由细碎的自然金、银、铜、锌、铅和其他硫化物构成。硫化银是其主要成分。

辉铜矿

英文名：Chalcocite
化学式：Cu_2S

○ 晶系
单斜晶系

- **产状** 热液矿脉、氧化带
- **相对密度** ——————— 5.8
- **硬度** ——————— 2.5～3

类别：硫化物矿物

解理：无

光泽：金属光泽

颜色／条痕色：黑／灰黑

产地：美国、捷克、意大利

● 辉铜矿（日本福井县面谷矿山产）

石英

辉铜矿石

90毫米

🔷 与辉铜矿相似且无法用肉眼区分的矿物有许多

辉铜矿常以块状产出，罕见六方板状晶体。有许多矿物与辉铜矿相似，其产状也几乎相同。它们与辉铜矿只在铜和硫的含量上有细微差别，因此无法用肉眼辨别。

斑铜矿

英文名：Bornite
化学式：Cu_5FeS_4

晶系
斜方晶系

- 产状　岩浆岩、热液矿脉、变质岩、氧化带
- 相对密度 ├──────── 4.9 ～ 5.3
- 硬度 ├──── 3

类别：硫化物矿物

解理：无

光泽：金属光泽

颜色 / 条痕色：铜赤 / 灰黑

产地：刚果共和国、智利、澳大利亚

● 斑铜矿（日本兵库县多田矿山产）

← 65毫米 →

辨别斑铜矿的关键是
其特有的蓝紫色

◆ 斑铜矿表面的氧化膜在光的干涉下呈蓝紫色

斑铜矿的新鲜断口呈铜红色。在空气中，斑铜矿的表面会形成一层氧化膜，由于光的干涉，呈现鲜艳的蓝紫色。因此，斑铜矿也被称为孔雀石（孔雀矿石）。

相比黄铜矿，斑铜矿的铜的品位高，但产量不大。斑铜矿有时会与细微的银、锡和铋等罕见的硫化物伴生。

方铅矿

英文名：Galena
化学式：PbS

晶系
等轴晶系

■产状　热液矿脉、变质岩、矽卡岩
■相对密度 ——— 7.4 ～ 7.6
■硬度 ——— 2 ～ 3

类别：硫化物矿物
解理：三组完全解理
光泽：金属光泽
颜色 / 条痕色：铅灰 / 铅灰
产地：美国、德国、纳米比亚、保加利亚

● 方铅矿（日本新潟县葡萄矿山产）

70毫米

方铅矿（拿起来较沉是其特征）

◆ 方铅矿的解理呈骰子状

　　方铅矿是最多产的铅的硫化物，其立方体形态或八面体晶体形态较为常见。骰子状的解理和具有强烈金属光泽的铅灰色是方铅矿的特征，因此可以通过这一特点，用肉眼轻易地辨别。长期置于空气中的方铅矿，表面会覆盖一层白色的硫酸铅矿薄膜。

闪锌矿

英文名：Sphalerite
化学式：ZnS

晶系
等轴晶系

■产状 岩浆岩、热液矿脉、变质岩、矽卡岩
■相对密度 → —————— 3.9～4.2
■硬度 —————— 3.5～4

类别：硫化物矿物

解理：六组完全解理

光泽：树脂光泽～金刚光泽

颜色／条痕色：黑红褐／褐～黄

产地：加拿大、西班牙、保加利亚

● 闪锌矿（日本埼玉县秩父矿山产）

46毫米

黄铁矿　　　　　　　　　　　　　　闪锌矿（铁含量较高的闪锌矿呈黑色）

◆ 闪锌矿是最多产的锌的硫化物

闪锌矿能形成四面体晶体、立方体晶体或菱形十二面体晶体。不含铁的闪锌矿呈黄色或黄绿色，随着含铁量的增加，颜色会依次呈现橙色、红褐色、黑褐色和黑色。除了含铁外，闪锌矿有时还含锰和镉。

名字的由来　英文名来源于意为"欺骗"的希腊语，因为它看起来像铅却并非铅。

矿物图鉴

027

黄铜矿

英文名：Chalcopyrite

化学式：CuFeS$_2$

晶系
四方晶系

■产状　岩浆岩、热液矿脉、变质岩、矽卡岩
■相对密度 ├──────── 4.1～4.3
■硬度 ├──── 3～4

类别：硫化物矿物

解理：无

光泽：金属光泽

颜色／条痕色：黄铜／黑绿

产地：秘鲁、加拿大、刚果民主共和国、罗马尼亚、日本

● 黄铜矿（日本秋田县小坂矿山产）

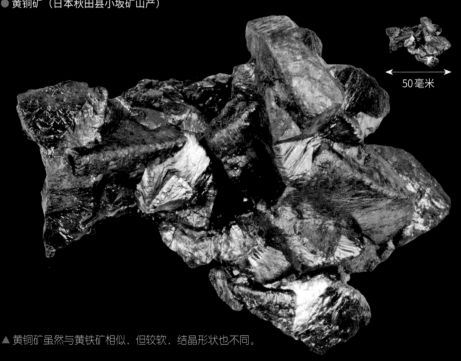

50毫米

▲ 黄铜矿虽然与黄铁矿相似，但较软，结晶形状也不同。

◆ 黄铜矿是铜最重要的矿石矿物

　　黄铜矿因热液作用形成矿脉和块状矿床，或呈层状和块状在变质岩中形成矿床。大多数黄铜矿以块状的形态产出，在矿石的空隙中可见其四面体晶体和四方双锥，单晶较少见。

　　日本秋田县荒川矿山产的黄铜矿呈三角厚板状，以三角铜而闻名。在含黄铜矿石的矿床氧化带中，还会形成孔雀石、蓝铜矿和赤铜矿等矿物。

名字的由来　英文名来源于希腊语，意思是"与黄铁矿相似且含铜"。

磁黄铁矿

英文名：Pyrrhotite
化学式：Fe_7S_8

■晶系
单斜、六方、
斜方晶系

■产状 岩浆岩、伟晶岩、热液矿脉、变质岩、矽卡岩

■相对密度 ——————— 4.6～4.7
■硬度 ——————— 4

类别：硫化物矿物

解理：无

光泽：金属光泽

颜色/条痕色：黄铜/灰黑

产地：美国、俄罗斯、墨西哥、罗马尼亚

● 磁黄铁矿（日本埼玉县秩父矿山产）

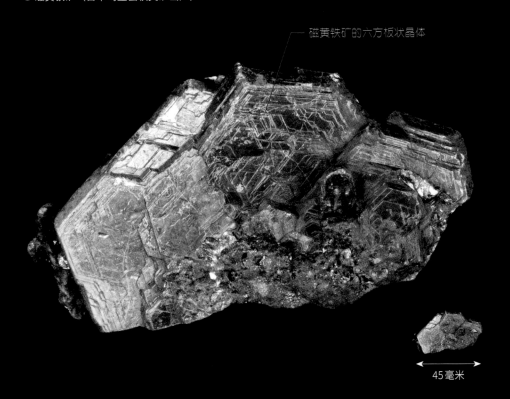

—— 磁黄铁矿的六方板状晶体

←——→
45毫米

◆ 磁黄铁矿作为铁的硫化物，其产量仅次于黄铁矿

　　磁黄铁矿多呈块状，罕见六方厚板状晶体。大多数磁黄铁矿都如其名，具有磁性，也因此能与块状的黄铁矿进行区分。

名字的由来　磁黄铁矿放置在空气中会变红，其英文名来源于与该意思相近的希腊语。

铜蓝

英文名：Covellite
化学式：CuS

○ 晶系
六方晶系

■产状　火山岩、热液矿脉、氧化带
■相对密度 —————— 4.6
■硬度 —————— 1.5～2

○ 类别：硫化物矿物
○ 解理：一组完全解理
○ 光泽：金属光泽～半金属光泽
○ 颜色／条痕色：蓝／灰黑
○ 产地：美国、塞尔维亚、意大利

● 铜蓝（日本山梨县增富矿山产）

35毫米

铜蓝　　　　　　　石英

🔷 闪耀着金属般蓝色光泽的铜蓝

　　铜蓝在矿石的空隙中呈六方薄板状晶体的集合体形态，或在铜的硫化物上以皮壳状产出。铜蓝有金属般的蓝色光泽，因此能够轻易用肉眼辨别。

　　然而，有些矿物也是以蓝色皮壳状产出，但它们之间的铜硫比例略有不同，例如雅硫铜矿（Cu_9S_8），因此，把这些矿物放在一起很难区分。

> **名字的由来**　英文名来源于意大利矿物学家 N. 科韦利（N.Covelli）的姓氏. 他在维苏威火山记载了这种矿物。

辰砂

英文名：Cinnabar
化学式：HgS

○ 晶系
三方晶系

■产状 热液矿脉、变质岩
■相对密度 ————— 8～8.2
■硬度 ———— 2～2.5

类别：硫化物矿物

解理：三组完全解理

光泽：金属光泽

颜色/条痕色：深红/红

产地：中国、美国、西班牙、秘鲁

● 块状辰砂（日本奈良县大和水银矿山产）

← 65毫米 →

变质后的石英斑岩的母岩，由石英、高岭土等黏土构成

由辰砂的微粒构成

● 辰砂（日本奈良县大和水银矿山产）

名字的由来　辰砂的汉字名来源于中国古代的辰州，因为那里盛产辰砂。英文名来源于意为"龙之血"的拉丁语，是以其颜色特征命名的。

● 辰砂的晶体（日本北海道置户町红之泽产）

—— 在石英矿脉的空隙中产出
的较完整的辰砂晶体

▲ 辰砂长时间暴露在光线下，颜色会
变得暗淡，可以用黑布包裹矿物来
维持其原本的鲜红色。

40毫米

● 辰砂（日本北海道产）

◆ 辰砂多以汞的硫化物产出

　　辰砂多呈块状，有时可见其菱面晶
体和双晶。它质地柔软，一定大小的块

状辰砂具有厚重感，是一种容易辨别的
矿物。

针镍矿

英文名：Millerite
化学式：NiS

○ 晶系
三方晶系

■产状 深成岩、变质岩、热液矿脉、沉积岩
■相对密度 ————————4.5～5
■硬度 ————————3～4

类别：硫化物矿物

解理：二组完全解理

光泽：金属光泽

颜色/条痕色：黄铜/黑绿

产地：加拿大、澳大利亚、俄罗斯

● 针镍矿（日本兵库县大屋矿山产）

—— 与黄铁矿颜色相似并呈放射状的
针状晶体是针镍矿的特征

20毫米

◆ 针镍矿是镍的资源矿物

针镍矿在蛇纹岩和辉长岩中以针状、板状、块状形态产出。另外，针镍矿也可以在石灰岩空隙中以毛发状（针状）组成的放射状集合体形态产出。

当镍暴露在空气中时，会有一层氧化膜附着在其表面，并呈现类似彩虹的光泽。

> **名字的由来**
> 汉字名来源于其外观．英文名来源于英国人米勒（W.H.Miller）的名字，是他提出了晶面指数。

雄黄

英文名：Realgar
化学式：AsS

晶系
单斜晶系

■产状　火山岩、热液矿脉、沉积岩
■相对密度 —／———— 3.6
■硬度 —／———— 1.5～2

类别：硫化物矿物
解理：一组完全解理
光泽：树脂光泽、油脂光泽
颜色／条痕色：红、橙／橙
产地：中国、美国、瑞士、罗马尼亚

● 雄黄（日本三重县丹生矿山产）

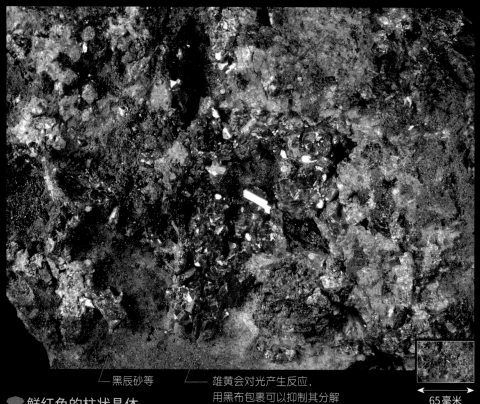

└─ 黑辰砂等　　└─ 雄黄会对光产生反应.
用黑布包裹可以抑制其分解

65毫米

💎 鲜红色的柱状晶体

　　雄黄作为含砷的硫化物，和雌黄一样常见。它以鲜红色的柱状晶体产出，长期暴露在光照下的雄黄会碎裂形成黄色粉末，从而变成原子排列与雄黄略有不同的副雄黄。

　　块状雄黄与辰砂相似，但矿体较大时，可以轻易地通过重量差异来区分。如果矿体较小，则可以通过颜色或条痕色来辨别，带有明显橙红色的是雄黄。

名字的由来　汉字名源自雄黄的颜色.而英文名则来源于意为"矿山的粉末"的阿拉伯语。

雌黄

☠ 英文名：Orpiment
化学式：As_2S_3

○ 晶系
单斜晶系

- 产状 火山岩、热液矿脉、沉积岩
- 相对密度 ▽————3.5
- 硬度 ———1.5～2

类别：硫化物矿物

解理：一组完全解理

光泽：油脂光泽

颜色／条痕色：黄、橙／黄

产地：中国、秘鲁、土耳其、日本

● 块状雌黄（日本青森县恐山产）

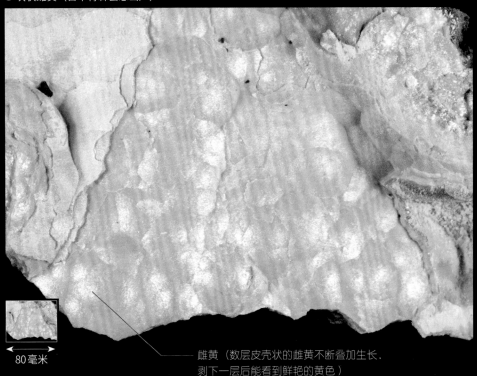

← 80毫米 →

雌黄（数层皮壳状的雌黄不断叠加生长，剥下一层后能看到鲜艳的黄色）

◆ 明黄色的硫化砷矿物

　　在中国，雌黄和鸡冠石（雄黄）的名字是以"雌雄"二字来描述的。四方柱状晶体，以及由四方柱状晶体集聚在一起形成的金平糖（日本的一种外形像星星的小糖果粒）状雌黄非常常见。

　　此外，雌黄作为温泉沉积物，有时还会呈层状、圆柱状或球状等形状。

名字的由来　雌黄常被用作黄色颜料，其英文名来源于意为"金色颜料"的拉丁语。

矿物图鉴

● 金平糖状的雌黄（日本青森县恐山产）

晶体柔软易弯曲，其前端可见弯曲状

25毫米

● 作为褐硫锰矿的假晶 * 产出的雌黄（日本青森县恐山产）

* **假晶** 矿物的一部分或全部被另一种矿物代替，但其外形保持不变。

辉锑矿

英文名：Stibnite
化学式：Sb_2S_3

晶系
斜方晶系

- ■产状 热液矿脉、矽卡岩
- ■相对密度 ——— 4.6
- ■硬度 —— 2

类别：硫化物矿物

解理：一组完全解理

光泽：金属光泽

颜色 / 条痕色：铅灰、钢灰 / 铅灰

产地：中国、日本、罗马尼亚

● 辉锑矿（日本爱媛县市之川矿山产）

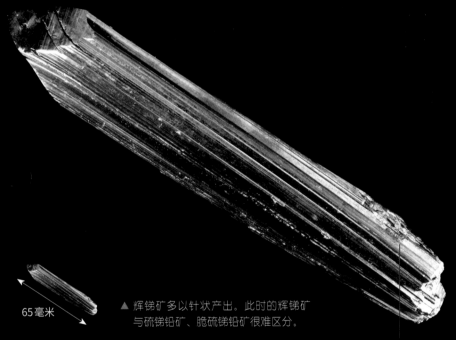

65毫米

▲ 辉锑矿多以针状产出。此时的辉锑矿
与硫锑铅矿、脆硫锑铅矿很难区分。

辉锑矿的柱状晶体

◆ 辉锑矿是近代最著名的日本矿物

日本爱媛县市之川矿山产出的辉锑矿柱状晶体，因长达数十厘米，引起全球瞩目。特别是在明治时代，有许多精美的辉锑矿晶体被运往海外。

辉锑矿本身并不是什么稀有的矿物，它的主要成分是锑。其针状和板状晶体的集合体通常产自热液矿脉和与其接触的矿床。

名字的由来

英文名来源于拉丁语 stibium，锑的元素符号 Sb 也来源于此。

矿物图鉴

辉铋矿

英文名：Bismuthinite
化学式：Bi$_2$S$_3$

晶系
斜方晶系

■产状 伟晶岩、热液矿脉、矽卡岩
■相对密度 ——————— 6.8
■硬度 ——————— 2～2.5

类别：硫化物矿物

解理：一组完全解理

光泽：金属光泽

颜色 / 条痕色：铅灰 / 铅灰

产地：挪威、罗马尼亚、玻利维亚、澳大利亚

● 辉铋矿（日本秋田县汤泽矿山产）

绿泥石化后的母岩

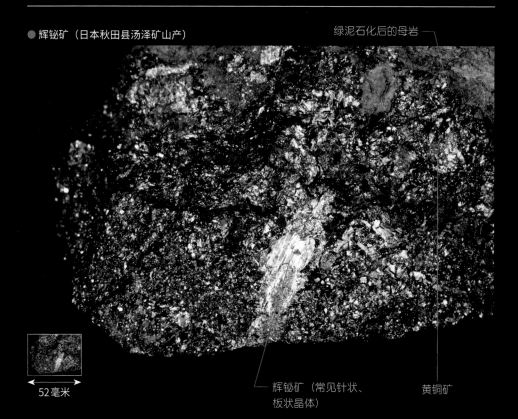

← 52毫米 →

辉铋矿（常见针状、
板状晶体）

黄铜矿

🔶 辉铋矿的外观与辉锑矿十分相似

辉铋矿与辉锑矿的原子排列相似，外观也十分相似。具有一定大小的辉铋矿标本比辉锑矿重得多，因此可以通过重量来区分。

此外，辉铋矿还常作为铋的硫化物产出。

名字的由来
英文名来源于以铋为主要成分的化学成分，但"铋"的语源是德语 wismut 拉丁语化的产物。

黄铁矿

英文名：Pyrite
化学式：FeS$_2$

◎ 晶系
等轴晶系

■产状　岩浆岩、热液矿脉、变质岩、矽卡岩、
　　　　伟晶岩、沉积岩
■相对密度 ————————— 4.9 ～ 5.2
■硬度 ————— 6 ～ 6.5

类别：硫化物矿物
解理：无
光泽：金属光泽
颜色 / 条痕色：黄铜 / 黑
产地：西班牙、墨西哥、秘鲁、美国

● 黄铁矿的立方体晶体（日本埼玉县秩父矿山产）

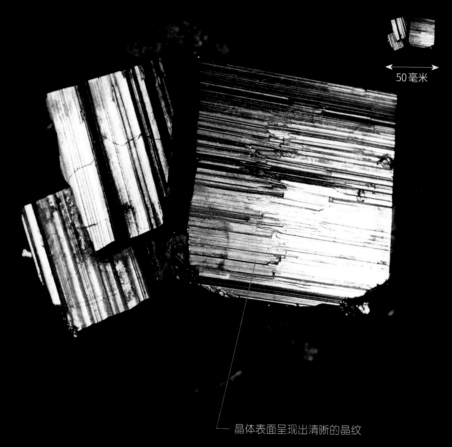

50毫米

矿物图鉴

└ 晶体表面呈现出清晰的晶纹

◆ 产地遍布全球的黄铁矿

　　黄铁矿是硫化物矿物中最多产的一类，其产状各种各样，并且产地遍布全球。它除了可见立方体、八面体和五角十二面体等晶体形状外，还以球状、圆盘状等各种形状的集合体产出。

白铁矿是原子排列不同的斜方晶系的同质多象，没有晶体形状的话，无法进行判别。小颗粒状的白铁矿与黄铁矿及自然金相似，但可以通过硬度和颜色、条痕色测试来轻松辨别。

● 黄铁矿的八面体晶体（日本青森县奥户矿山产）

● 黄铁矿的五角十二面体晶体（日本东京都父岛产）

黄铁矿

有趣的是，黄铁矿明明属于等轴晶系，却只由五角形的晶面组成

小故事

黄铁矿在硫化物矿物中最硬

黄铁矿作为硫化物矿物中较硬的一种，用锤子敲击它时会火花四溅。

它作为铁和硫酸的原料，曾经是被开采的对象，但如今不再用于工业。然而其精美的晶体可以用相对低廉的价格买到，因此，黄铁矿作为赏玩矿物，还是十分受欢迎的。

金石滨的黄铁矿

在东京父岛金石滨的部分海岸露出了灰色的黏土，黏土中埋着黄铁矿和石膏晶体。

●靠近火山喷发中心的黏土区

黄铁矿作为五角十二面体的自形晶集合体，形成的块状矿物最大有超过 50 千克的。黏土中埋藏着几厘米到十几厘米的石膏晶体，每当黏土受到海浪或雨水冲刷，都会有新的晶体露出。

当父岛还是海底火山时，黏土区曾是热液涌出的地方。黏土区旁边露出了岩浆在海底急速冷却形成的枕状熔岩悬崖。因此，可以断定这样的区域大多靠近火山的爆发中心。

热液是由地下水或渗入地层的海水，通过火山的热度，将岩石与岩浆中的重金属加热熔化而形成的。当热液在海底喷出时，温度迅速下降，其中的重金属就沉积在海底。

就这样，在热液喷发口附近，形成了由硫化物矿物等其他物质组成的沉积物。因为其外观酷似烟囱，被人们称为"烟囱"。在这些"烟囱"周围，又会进一步形成铅、锌、铜、金、银和其他矿物的矿床。

●黄铁矿（日本东京都父岛金石滨产）

●黄铁矿在波涛的冲刷下金光闪烁

目前，在世界各地都发现了类似的深海热液喷发口，并且最近在日本琉球群岛附近，也陆续发现了一系列大规模海底热液矿床。真希望这些矿床可以达到足以开采的规模。

在东北地区的矿山中还散布着一些黑矿型矿床。它们也是由于日本海海底的热液活动形成的。

金石滨的黏土区相当于金属矿床下面的热液通道。令人惋惜的是，部分矿床已被侵蚀得荡然无存。

关于矿石矿物，在这里只找到了一些闪锌矿，还有在波涛冲刷下金光闪烁的黄铁矿。正是因为这些金色的黄铁矿，这里被当地人称为金石滨，从而被人熟知。如今，金石滨作为世界自然遗产以及国家公园的一部分受到保护。

●日本东京都父岛金石滨　　　　　　以灰白色黏土矿物为主体的热液变质带

辉钴矿

英文名：Cobaltite
化学式：CoAsS

● 晶系
斜方晶系

■产状 热液矿脉、矽卡岩
■相对密度 ———— 6.3
■硬度 ———— 5.5

◎ 类别：硫化物矿物

◎ 解理：三组完全解理

◎ 光泽：金属光泽

◎ 颜色 / 条痕色：银白、钢灰 / 灰黑

◎ 产地：摩洛哥、加拿大、澳大利亚

● 辉钴矿（日本山口县长登矿山产）

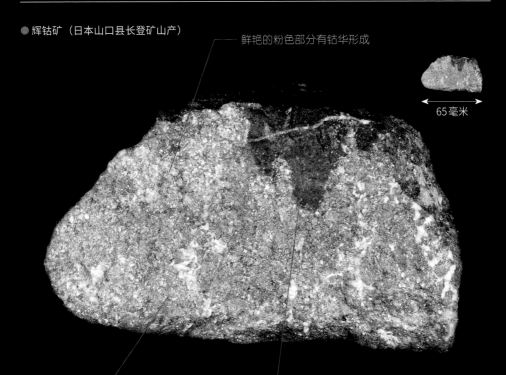

—— 鲜艳的粉色部分有钴华形成

65毫米

—— 细小的辉钴矿集合体

—— 由钙铁辉石等构成的矽卡岩的母岩

🔹辉钴矿是以钴为主要成分的矿物

辉钴矿有时会形成与黄铁矿相似的立方体或五角十二面体晶体。颗粒状的辉钴矿虽然与毒砂（FeAsS）相似，但在室外放置一段时间后，表面会出现粉色，可以根据该现象来区分二者。

另外，辉钴矿分解后，会形成引人注目的粉色钴华。

 名字的由来　英文名来源于含钴的化学成分．在德语中有"小恶魔"的意思。

毒砂

英文名：Arsenopyrite
化学式：FeAsS

○晶系
单斜晶系

■产状　热液矿脉、矽卡岩
■相对密度 ——/———— 6.1
■硬度 ————/— 5.5～6

类别：硫化物矿物

解理：一组完全解理

光泽：金属光泽

颜色/条痕色：银白、钢灰/灰黑

产地：墨西哥、德国、葡萄牙、日本

● 毒砂（日本大分县尾平矿山产）

毒砂

▲ 像照片中这么长的毒砂晶体十分罕见，通常晶体的菱形面比柱面更大。

←——→
95毫米

◆ 毒砂作为亚砷酸的原料被开采

　　菱饼（菱形年糕）般的形状和菱形长柱状晶体是毒砂的特征。生锈的块状毒砂与黄铁矿十分相似。大分县尾平矿山产的菱形长柱状晶体因长达 10 厘米而世界闻名。

> **名字的由来** 英文名的意思是"与含砷的黄铁矿相似的矿物"。砷来源于阿拉伯语 al-zarnik，意为"金色的染料"，指的是雌黄。

辉钼矿

英文名：Molybdenite
化学式：MoS_2

⬡ 晶系
六方晶系

■ 产状　伟晶岩、热液矿脉、矽卡岩
■ 相对密度 ━━━━━━━ 5
■ 硬度 ━ 1

类别：硫化物矿物
解理：一组完全解理
光泽：金属光泽
颜色 / 条痕色：铅灰 / 带蓝铅灰
产地：中国、美国、澳大利亚、日本

● 辉钼矿（日本栃木县日光市大川梁产）

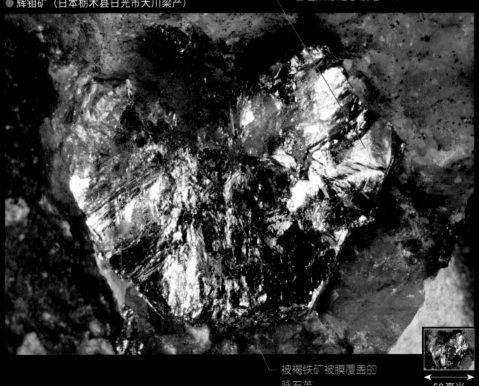

看起来像贴了银箔一样

被褐铁矿被膜覆盖的
脉石英

50毫米

◆ 辉钼矿是钼的唯一资源矿物

　　辉钼矿的晶体多呈六方板状或鳞片状。日本岐阜县平濑矿山出产直径长达50厘米的六方厚板状晶体，举世闻名。辉钼矿触感光滑，柔软到很容易沾上铅灰色粉末。

　　辉钼矿的外观与石墨相似，但颜色不如石墨黑，因此较易区分二者。

> **名字的由来**
> 辉钼矿与方铅矿、金属铅的颜色相似，英文名来自希腊语"molubdos"，意思为"铅"。

硫砷铜矿

英文名：Enargite
化学式：Cu₃AsS₄

晶系 斜方晶系	类别：硫化物矿物
	解理：一组完全解理
■产状 热液矿脉	光泽：金属光泽
■相对密度 ———— 4.4	颜色/条痕色：灰黑/黑
■硬度 ———— 3	产地：美国、秘鲁、摩洛哥、中国台湾

● 硫砷铜矿（日本北海道手稻矿山产）

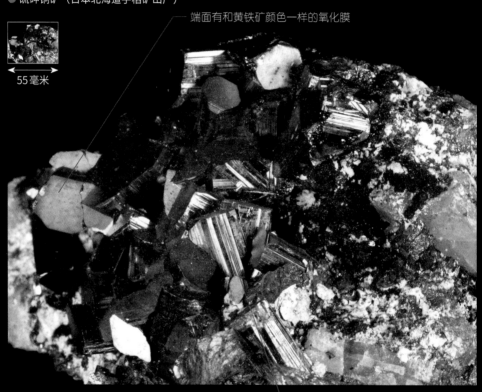

端面有和黄铁矿颜色一样的氧化膜

← 55毫米 →

柱面呈灰黑色

硫砷铜矿是在生长方向上具有发达条纹结构的板柱状晶体

硫砷铜矿是在生长方向上具有发达条纹结构的板柱状晶体，它易碎、易分解，呈黑色，光泽弱。产量多时，它会被当作铜的矿石开采。虽然硫砷铜矿在日本产地多，但产量少。

名字的由来

因为其解理明显，所以英文名来自希腊语 enarges，意思是"清晰的"。

黝铜矿

英文名：Tetrahedrite
化学式：$Cu_{12}(SbAs)_4S_{13}$

晶系
等轴晶系

■产状　热液矿脉、变质岩、矽卡岩
■相对密度 ———————— 4.6～5.1
■硬度 —————— 3～4.5

类别：硫化物矿物

解理：无

光泽：金属光泽

颜色 / 条痕色：灰、黑 / 黑、褐

产地：瑞士、德国、秘鲁、墨西哥

● 黝铜矿（日本石川县仓谷矿山产）　　　　　　　　　　　— 淡粉色的菱锰矿

黝铜矿　　　　　　无色、透明的板状
　　　　　　　　　重晶石

←—→
65毫米

◆ 黝铜矿的四面体晶体形态

　　黝铜矿既是族名也是系名。黝铜矿族分为黝铜矿系、砷黝铜矿系(Tennantite)、银黝铜矿系(Freibergite)、银砷黝铜矿系（Argentotennantite）、硒黝铜矿系（Hakite）、硒砷黝铜矿系（Giraudite）、诺雅黝银矿系（Rozhdestvenskayaite），以及碲黝铜矿（Goldfieldite 和 Stibio-goldfieldite）。黝铜矿还以元素的种类名称进行分类，如富含铁的铁黝铜矿[Tetrahedrite- (Fe)]、富含锌的锌黝铜矿[Tetrahedrite- (Zn)]。含锌较多的黝铜矿，其条痕会呈现较深的褐色。

与锑相比，砷黝铜矿系含砷较多，它是按照元素的种类名称进行分类的，如铁砷黝铜矿 [Tennantite- (Fe)]、锌砷黝铜矿 [Tennantite- (Zn)] 等。在该系中，比起铁和锌，含铜量较高的铜砷黝铜矿 [Tennantite- (Cu)] 和含汞较多的汞砷黝铜矿 [Tennantite- (Hg)] 已被人所知。

银黝铜矿系也是如此，已知的有日本鹿儿岛菱刈矿山产的铁银黝铜矿 [Argentotetrahedrite:$Ag_6(Cu_4Fe_2)Sb_4S_{13}$] 等 4 种。但是，砷含量超过自然硫的种类或银含量比银黝铜矿系多的种类，还未曾在日本发现。

富含碲的种类在日本静冈县河津矿山等地有产出，但是在调查河津矿山猿喰矿床后，发现那只是含碲黝铜矿 [Stibiogoldfieldite:$Cu_6Cu_6(Sb_2Te_2)S_{13}$]。

黝铜矿族的种类无法用肉眼区别，并且在大多数情况下，若块状矿物未呈现出清晰的四面体晶体，也无法确定其是否属于黝铜矿族。

名字的由来　汉字名和英文名都来源于其极具特征的晶体形态。

● 锌黝铜矿（日本群马县中丸矿山产）

▲ 在中心部分可以看到有灰黑色金属光泽的块状锌黝铜矿．周围白色的部分是石英，黄色的部分主要是黄铁矿。

约12毫米

浓红银矿

化学式：Ag₃SbS₃

晶系
三方晶系

■产状 热液矿脉
■相对密度 ————— 5.77～5.86
■硬度 ————— 2～2.5

类别：硫化物矿物

解理：三组完全解理

光泽：金属光泽

颜色/条痕色：深红/红

产地：德国、捷克、墨西哥、玻利维亚、澳大利亚

● 浓红银矿（日本宫城县细仓矿山产）

石英　　　　　　　　略微发黑的浓红银矿

25毫米

◆ 浓红银矿具有宛如红宝石般的红色

　　长时间暴露在光照下的浓红银矿会发黑。当该矿物中的锑被砷置换，就会变成富含砷的淡红银矿（Proustite）。二者都是银的重要的矿石矿物，被统称为红银矿。

名字的由来　　浓红银矿是像火一样红的银。英文名来源于希腊语中的"火"和"银"。

车轮矿

英文名：Bournonite
化学式：CuPbSbS$_3$

晶系 斜方晶系	类别：硫化物矿物
	解理：无
■产状 热液矿脉、矽卡岩	光泽：金属光泽
■相对密度 —————— 5.8	颜色 / 条痕色：钢灰 / 灰黑
■硬度 ————— 2.5 ～ 3	产地：秘鲁、英国、匈牙利、日本

● 车轮矿（日本埼玉县秩父矿山产）

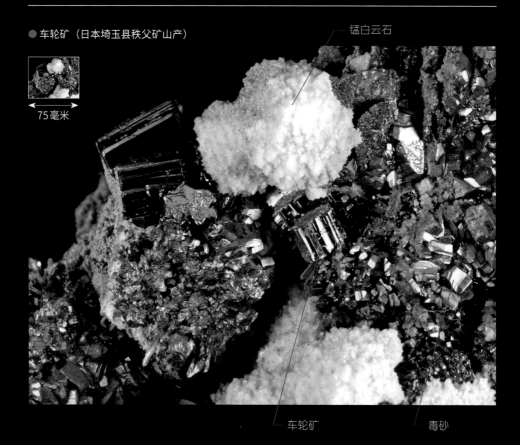

锰白云石

← 75毫米 →

车轮矿   毒砂

🔷 被当作车轮和齿轮的车轮矿

　　车轮矿的名字十分特别，其柱状晶体连生形成双晶，形态看起来像车轮或齿轮。

　　日本埼玉县秩父矿山的大黑矿床因产出了许多完整的双晶而闻名世界。

> **名字的由来** 英文名来源于法国矿物学家布尔诺（J.L.de Bournon）的名字。

硫锑铅矿

英文名：Boulangerite
化学式：$Pb_5Sb_4S_{11}$

晶系
单斜晶系

■产状 热液矿脉、矽卡岩
■相对密度 —————— 6.23
■硬度 —————— 2.5 ～ 3

类别：硫化物矿物

解理：一组完全解理

光泽：金属光泽

颜色 / 条痕色：铅灰 / 褐～褐灰

产地：法国、捷克、墨西哥、玻利维亚、澳大利亚

● 硫锑铅矿（日本埼玉县秩父矿山产）

白云石、方解石等

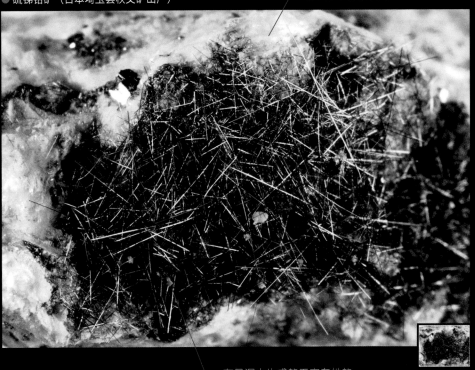

26毫米

在晶洞中生成的无定向性的
硫锑铅矿

🔶 硫锑铅矿的晶体呈毛状

毛状的晶体集合体是硫锑铅矿的特征，但也有些矿物与它相似，特别是毛矿（Jamesonite，脆硫锑铅矿），很难区分。

不过，毛矿的晶体较粗，相比之下，硫锑铅矿看起来才更像真正的毛发。

名字的由来 英文名来源于法国采矿工程师布朗热（C.L. Boulanger）的姓氏。

津轻矿

英文名：Tsugaruite
化学式：$Pb_{28}As_{15}S_{50}Cl$

晶系
斜方晶系

■产状 热液矿脉
■相对密度 —————— 3.6
■硬度 —————— 2.5～3

类别：硫化物矿物
解理：无
光泽：金属光泽
颜色 / 条痕色：黑～铅灰 / 铅灰
产地：日本

● 津轻矿（日本青森县汤泽矿山产）

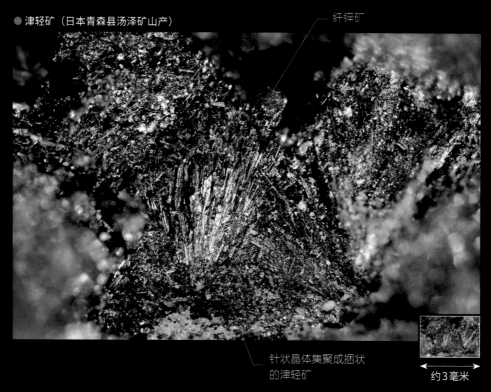

纤锌矿

针状晶体集聚成捆状
的津轻矿

约3毫米

🔷 津轻矿是由铅、砷、硫、氯组成的独一无二的矿物

津轻矿在青森县的汤泽矿山与重晶石、纤锌矿（Wurtzite）、约硫砷铅矿（Jordanite）一同被发现，是一种呈黑色针状的新矿物。在旧的记载中，津轻矿和约硫砷铅矿一样，都是由铅、砷、硫构成的，但 2021 年发表的晶体结构解析和再分析的结果表明，津轻矿含有的

少量的氯也是其本质成分。不过，津轻矿结构中的部分细节仍有不清楚的地方，且氯含量的上限和下限也暂时不清楚。

名字的由来

英文名来源于津轻矿的原产地——汤泽矿山所在区域的旧名。

赤铜矿

英文名：Cuprite
化学式：Cu_2O

◎ 晶系
等轴晶系

■产状　变质岩、矽卡岩、氧化带
■相对密度 —— 5.85～6.15
■硬度 —— 3.5～4

类别：氧化物矿物	
解理：无	
光泽：金刚光泽、半金属光泽	
颜色 / 条痕色：暗红 / 褐红	
产地：俄罗斯、纳米比亚、刚果民主共和国、法国	

● 块状的赤铜矿（日本山口县大和矿山产）

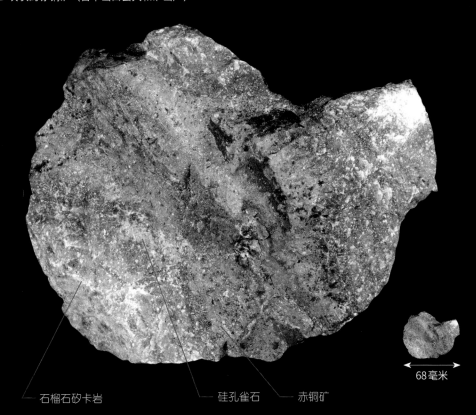

石榴石矽卡岩　　　硅孔雀石　　赤铜矿

68毫米

矿物图鉴

 ◆ 与自然铜一同产出的赤铜矿

　　赤铜矿主要在铜矿床的氧化带中与自然铜一同产出。赤铜矿的晶体常见立方体、八面体，毛状晶体较为罕见。除此之外，赤铜矿还多以块状、皮膜状、树枝状产出。新鲜的赤铜矿晶体具有透明感。

> 名字的由来　英文名来源于表示"铜"的拉丁语。

053

● 赤铜矿的晶体（日本枥木县日光矿山产）

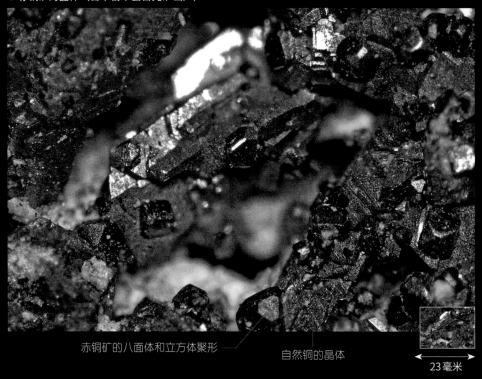

赤铜矿的八面体和立方体聚形 —— 自然铜的晶体

23毫米

● 赤铜矿（毛状晶体，日本爱知县新城市瓶割岭产）

方锰矿

英文名：Manganosite
化学式：MnO

■ 晶系
等轴晶系

■产状 变质岩
■相对密度 —————— 5.18 ～ 5.36
■硬度 —————— 5.5

类别：	氧化物矿物
解理：	无
光泽：	玻璃光泽
颜色 / 条痕色：	祖母绿 / 褐
产地：	美国、瑞典、日本

● 方锰矿（日本长野县滨横川矿山产）

菱锰矿等

55毫米

细小的方锰矿晶簇

矿物图鉴

◆ 方锰矿在变质锰矿床中产出

　　块状的方锰矿在新鲜的情况下会呈现美丽的绿色，但不一会儿，就会变成黑褐色。方锰矿的晶体颗粒较大，维持绿色的时间就较长。这可能是因为在块状方锰矿中，锰和氧的比例并非 1：1，含锰较少时，才易分解。

　　通常，日本的绝大多数变质锰矿床都有方锰矿产出，但产量较少。

 名字的由来　英文名来源于其化学成分。

刚玉

英文名：Corundum
化学式：Al$_2$O$_3$

晶系
三方晶系

■产状　岩浆岩、伟晶岩、变质岩
■相对密度 ——————— 4
■硬度 ——————— 9

类别：氧化物矿物	
解理：无	
光泽：玻璃光泽	
颜色 / 条痕色：无色、白、灰 / 白	
产地：加拿大、俄罗斯、印度、挪威	

● 刚玉（日本岐阜县飞驒市羽根谷产）

含少量铬的淡绿色白云母

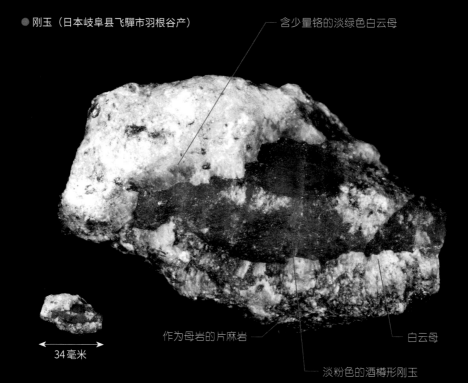

34毫米

作为母岩的片麻岩

白云母

淡粉色的酒樽形刚玉

🔶 刚玉是耐火材料和研磨材料的原料

　　刚玉主要产自硅酸盐含量低的碱性深成岩（霞石正长岩等）以及富含铝的变质岩（片麻岩、结晶石灰岩、角砾岩）。

　　晶体常见六方板状、柱状、纺锤状。成色不好的刚玉一般只能被当作耐火材料或研磨材料的原料。

　　虽然刚玉和矾土一样都是研磨材料，但现在大多使用的都是以铝土矿为原料制成的合成品。

名字的由来　英文名源自意为"红宝石"的印度泰米尔语或泰卢固语。

红宝石 / 蓝宝石

英文名：Ruby/Sapphire

产地：红宝石：缅甸、斯里兰卡、泰国、坦桑尼亚、印度
蓝宝石：斯里兰卡、印度、缅甸、澳大利亚

● 红宝石（斯里兰卡产）

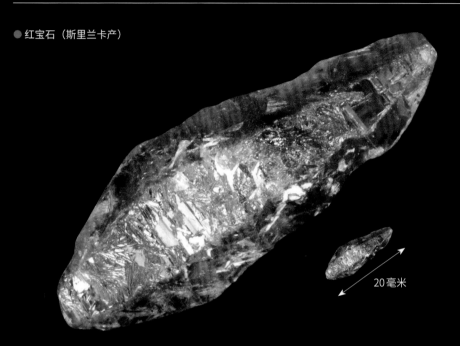

20毫米

小故事

用途广泛的红宝石

在刚玉中，含有定向排列包裹体，能够产生星光效应的才能称为宝石。红宝石是刚玉的一个亚种，由于含有少量的铬而呈现红色。其英文名源自意思为"红色"的拉丁语。自1900年起，人们开始合成红宝石。红宝石除了作为宝石，还被用作制作手表和精密仪器的轴承以及激光器。

红宝石（缅甸产）

● 蓝宝石（斯里兰卡产）

15毫米

● 蓝宝石（日本熊本县宇城市松桥产）

小故事

如今的蓝宝石不一定是蓝色的

蓝宝石一词来源于拉丁语"蓝色"，原本是指蓝色的宝石级刚玉。如今，非蓝色的宝石级刚玉（红色的除外）也被称作蓝宝石，但是在名字前会标上对应的颜色，例如粉红色蓝宝石（比红宝石的颜色淡）。蓝宝石之所以呈现蓝色，是因为含铁和钛。

● 非蓝色的蓝宝石（斯里兰卡产）

赤铁矿

英文名：Hematite
化学式：Fe_2O_3

○ 晶系
三方晶系

■产状 岩浆岩、伟晶岩、热液矿脉、变质岩、
沉积物、沉积岩、变质岩、矽卡岩、
氧化带

■相对密度 ————— 5 ～ 5.3
■硬度 ————— 5.5 ～ 6

类别：氧化物矿物

解理：无

光泽：金属光泽、土状光泽

颜色 / 条痕色：钢灰、黑、红 / 红～红褐

产地：加拿大、美国、乌克兰、印度、澳大利亚、
巴西

● 土状的赤铁矿（日本群马县沼田市数坂岭产）

石英

70毫米

赤铁矿（宛如涂了红色的颜料）

◆ 赤铁矿是铁的最重要的矿石矿物

赤铁矿的产状多种多样。特别是前寒武纪海洋中含铁沉积物形成的赤铁矿地层（条带状铁建造），它广泛分布在世界各地，是赤铁矿的主要来源。

赤铁矿多呈块状、土状，其晶体呈六角板状、菱面体等，有的会形成亚平行连晶的玫瑰花状集合体（有"铁之玫瑰"之称）。日本的赤铁矿主要开采自因变质作用形成的矽卡岩矿床。

● 切断并经过研磨的条带状铁建造（澳大利亚产）

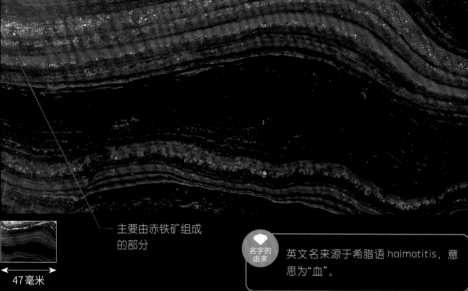

—— 主要由赤铁矿组成
的部分

← 47毫米 →

名字的
由来

英文名来源于希腊语 haimatitis，意
思为"血"。

小故事

闪烁如镜的晶面

日本岩手县仙人矿山（和贺仙人矿山）、新潟县赤谷矿山等地的赤铁矿都十分有名。赤铁矿的形成与火山气体喷发有关，虽然量少，但完整的板状或板柱状晶体较常见。晶面闪烁如镜，也被称作镜铁矿。

有时在氧化带中，赤铁矿石或周围岩石的裂口处像是被涂成了红色。赤铁矿的超微细晶体的土状集合体，作为红色颜料而被人熟知，它和赭红是同种物质。

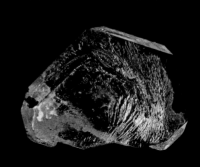

▲ 赤铁矿的晶体（日本福岛县郡山市石筵产）

钙钛矿

英文名：Perovskite
化学式：CaTiO₃

晶系
斜方晶系

■产状 岩浆岩、伟晶岩、矽卡岩
■相对密度 ————— 3.97 ～ 4.04
■硬度 ————— 5.5 ～ 6

类别：氧化物矿物

解理：无

光泽：金刚光泽、金属光泽

颜色／条痕色：黑、褐、黄／灰

产地：美国、加拿大、丹麦、意大利、俄罗斯

● 钙钛矿（日本冈山县高梁市布贺产）

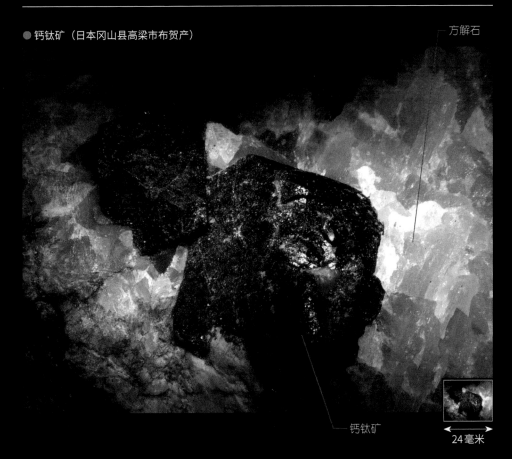

—— 方解石

—— 钙钛矿

← 24毫米 →

◆ 布里奇曼石和钙钛矿原子排列相同

钙钛矿的晶体呈立方体或八面体，看上去像等轴晶系。在下地幔中，和钙钛矿原子排列相同的（Mg，Fe）SiO₃相（2014 年被命名为布里奇曼石），被认为具有稳定性。

> 名字的由来　英文名来源于俄罗斯矿物学家佩罗夫斯基（L.A.Perovski）的名字。

钛铁矿

英文名：Ilmenite
化学式：Fe^{2+}Ti^{4+}

○ 晶系
三方晶系

■产状 岩浆岩、伟晶岩、变质岩、沉积物、
沉积岩
■相对密度 —/——4.7～5
■硬度 ———/——5～6

○ 类别：氧化物矿物
○ 解理：无
○ 光泽：金属光泽～半金属光泽
○ 颜色 / 条痕色：黑 / 黑
○ 产地：加拿大、美国、瑞士、挪威

● 钛铁矿（日本岩手县远野市附马牛产）

正长石

43毫米

石英

钛铁矿

◆ 钛铁矿是钛的重要矿石矿物

　　钛铁矿产状多样，在世界范围内广泛产出。它作为副成分，一定会出现在超基性岩和变质岩中。此外，砂铁通常含钛铁矿。它的晶体除了呈板状外，还呈粒状和块状。钛铁矿与赤铁矿相似，但可以通过颜色 / 条痕色的不同来区分。

钛铁矿与磁铁矿则可以通过是否有磁性来区分。

名字的由来

英文名来源于其原产地俄罗斯乌拉尔的伊尔门山（Ilmenskie）的名字。

金红石

英文名：Rutile
化学式：TiO$_2$

晶系
四方晶系

类别：氧化物矿物	
解理：无	
光泽：金刚光泽、金属光泽	
颜色 / 条痕色：红、黑、褐 / 黄褐	
产地：美国、巴西、巴基斯坦、意大利、瑞士	

■产状　岩浆岩、伟晶岩、热液矿脉、变质岩、
　　　　沉积物
■相对密度 ——————4.2～4.3
■硬度 ——————6～6.5

● 金红石（美国北卡罗来纳州产）

40毫米

金红石　　　　　　　　　　　　　白云母

矿物图鉴

◆ 呈放射状的金红石被称作太阳金红石

　　二氧化钛矿物除了金红石外，还有锐钛矿和板钛矿。它们的形态各具特征，用肉眼能够轻易区分。

　　金红石的晶体呈四方柱状，锐钛矿呈四方双锥状，而板钛矿呈板状。合成的纯金红石呈无色或白色，又因为天然的金红石中含铁等其他物质，所以呈红、褐、黄色系。

　　晶体呈针状或毛状，被石英包裹的金红石可用作装饰。生长在赤铁矿上且呈放射状的金红石又被称作太阳金红石，十分受大众喜爱。

● 太阳金红石（巴西产）

赤铁矿

金红石

34毫米

● 水晶中的金红石（巴西产）

 名字的由来　英文名来源于拉丁语 rutilus，意思是"有些红"。

锡石

英文名：Cassiterite
化学式：SnO₂

晶系
四方晶系

■产状 伟晶岩、热液矿脉、矽卡岩、沉积物
■相对密度 ————6.8～7
■硬度 ————6～7

类别：氧化物矿物
解理：无
光泽：金刚光泽、金属光泽
颜色 / 条痕色：褐～黑 / 淡黄
产地：葡萄牙、玻利维亚、巴西、澳大利亚

● 锡石（日本茨城县城里町锡高野产）

锡石

▲ 采集砂锡的地方的名字包含"锡"字。

石英

70毫米

锡石是获取锡的唯一矿石矿物

锡石几乎是获取锡的唯一矿石矿物，自古就被人们使用。它和金红石的原子排列相似，含有少量铁、铌、钽等。

锡石主要在热液矿脉和接触交代矿床中产出，且耐风化，能堆积形成砂矿。锡石除了呈颗粒状、纤维状集合体，还呈四方短柱状，四方锥状，有时还可见它们形成的双晶。

名字的由来 英文名中的"锡"来源于希腊语 kassiteros。

065

锐钛矿

英文名：Anatase
化学式：TiO_2

晶系 四方晶系	类别：氧化物矿物
	解理：两组完全解理
■产状 岩浆岩、伟晶岩、热液矿脉、变质岩、 沉积物	光泽：金刚光泽、金属光泽
	颜色 / 条痕色：黑、褐、深蓝 / 白～淡黄
■相对密度 —————— 3.9	产地：美国、巴西、法国、瑞士、马达加斯加
■硬度 —————— 5.5 ～ 6	

● 锐钛矿（日本长野县川上村汤沼产）

└─ 锐钛矿   └─ 石英

◀━━━━▶ 3毫米

◆ 锐钛矿的锥面有发达的晶面条纹

　　锐钛矿和金红石都属于四方晶系，但原子排列不同。大多数锐钛矿呈锥顶较尖的四方双锥状，也有的前端呈平面厚板状。

　　锐钛矿的颜色不光有红、黄褐色系，有时还可见深蓝色。

名字的由来 英文名来源于希腊语 anatais，意思是"锥面通常呈尖锐状"。

板钛矿

化学式：TiO$_2$

○ 晶系
斜方晶系

■产状 岩浆岩、伟晶岩、热液矿脉、变质岩、沉积物

■相对密度 ——▽——— 4.1

■硬度 ———▽—— 5.5～6

○ 类别：氧化物矿物

○ 解理：无

○ 光泽：金刚光泽、金属光泽

○ 颜色／条痕色：褐、红、黑／白～淡黄

○ 产地：英国、瑞士、法国、澳大利亚、巴基斯坦

● 板钛矿（巴基斯坦产）

板钛矿

石英（水晶）

85毫米

矿物图鉴

◆ 板钛矿与多型的金红石或锐钛矿共存

板钛矿的晶体以柱状或板状产出。它主要在被热液蚀变的变质岩和伟晶岩等中可见。在多型矿物中，因为形成矿物的温度和压力不同，它们通常不会共存，只有氧化钛（TiO$_2$）矿物是例外。

名字的由来　英文名来源于英国晶体矿物学家布鲁克（H.J. Brooke）的名字。

水镁石

英文名：Brucite
化学式：Mg(OH)₂

晶系
三方晶系

■产状　热液矿脉、变质岩
■相对密度 ⎯⎯⎯ 2.3 ～ 2.6
■硬度 ⎯⎯⎯ 2.5

类别：氢氧化物矿物

解理：一组完全解理

光泽：玻璃光泽、油脂光泽、珍珠光泽

颜色 / 条痕色：白、灰、黄、淡绿 / 白

产地：美国、意大利、俄罗斯、南非

● 水镁石（日本福冈县饭冢市古屋敷产）

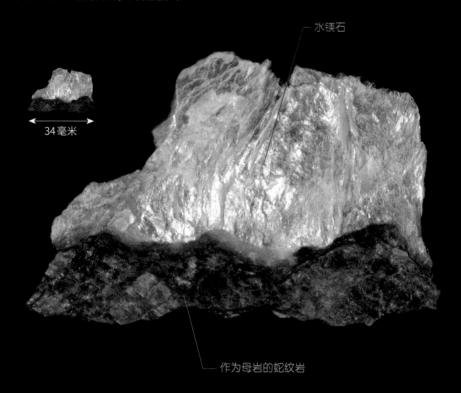

水镁石

34毫米

作为母岩的蛇纹岩

🔹 水镁石的板状晶体与白云母相似

　　在蛇纹岩、绿泥石片岩、晶质灰岩等矿物矿石中，可见呈脉状、叶片状、纤维状集合体的水镁石。

　　白云岩和石灰岩受变质作用，会形成方镁石（MgO），但方镁石遇水不稳定，经常会变成水镁石。

名字的由来　英文名来源于美国最早被记载的矿物学家布鲁斯（A. Bruce）的名字。

针铁矿

英文名：Goethite
化学式：FeO(OH)

类别：氧化物矿物

解理：一组完全解理

光泽：金刚光泽～金属光泽、丝绢光泽、土状光泽

颜色 / 条痕色：黄褐、黑褐 / 黄褐

产地：美国、英国、法国、德国、俄罗斯

晶系
斜方晶系

■产状 热液矿脉、沉积物、沉积岩、氧化带
■相对密度 ——\——— 4.28
■硬度 ———\——— 5～5.2

矿物图鉴

● 针铁矿（日本岐阜县神冈矿山产）

▲ 水晶表面生长的针铁矿群。

针铁矿

12毫米

◆ 在含铁的地表附近形成的针铁矿

针铁矿在褐铁矿中最常出现。针铁矿的晶体通常呈块状或土状产出，但与其名相符的针状晶体十分罕见。

在世界各地，只要地表附近含铁，就能形成针铁矿。

名字的由来：英文名来源于一位在矿物学方面有深厚造诣的文豪的名字，他就是歌德（J.W.von Goethe）。

● 针铁矿（日本爱知县丰桥市高师原产）

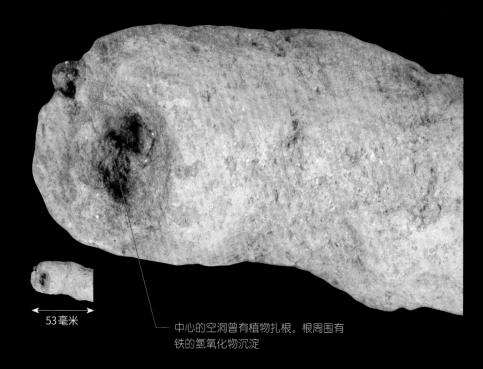

← 53毫米 →

中心的空洞曾有植物扎根。根周围有
铁的氢氧化物沉淀

● 针铁矿（印度产）

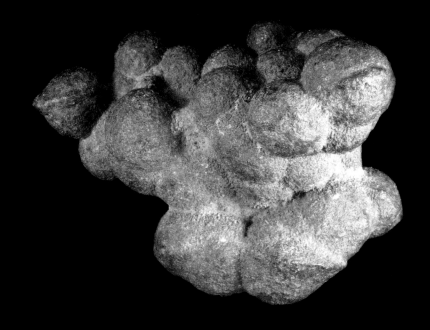

尖晶石

英文名：Spinel
化学式：$MgAl_2O_4$

○晶系
等轴晶系

■产状　深成岩、变质岩、矽卡岩、沉积物
■相对密度 ——————— 3.55
■硬度 —————————— 8

类别：氧化物矿物

解理：无

光泽：玻璃光泽

颜色 / 条痕色：无色、黄、橙、红、蓝 / 白

产地：缅甸、巴基斯坦、阿富汗、印度、加拿大

● 尖晶石（缅甸产）

▲ 采集自砂矿床的尖晶石，较大的尖晶石会被
　切割成宝石。

—— 尖晶石的八面体晶体

◀ 3毫米 ▶

◆ 八面体晶体前端较尖的尖晶石

　　尖晶石既是一种矿物的名称，又是族（群）的名称，该族包括 22 种矿物，如尖晶石、磁铁矿、铬铁矿和镁铬铁矿等。

尖晶石作为造岩矿物之一，还存在于超镁铁质深成岩（二辉橄榄岩等）中。

● 尖晶石（日本埼玉县秩父市石灰泽产）

符山石、绿脆云母等

20毫米

矽卡岩中淡蓝色的尖晶石

名字的由来
宝石级的尖晶石在变质岩（特别是晶质灰岩）中产出，八面体晶体是它的特征。因其晶体前端尖锐，英文名来源于拉丁文 spinella，意思是"尖峰"。

♦ 小故事

宝石级的尖晶石

红色的宝石级尖晶石含有少量的铬，其代表产地之一是缅甸。尖晶石产于钙质片麻岩中，而钙质片麻岩是钙质片岩受变质作用形成的。岩石被风化后，具有耐水性的尖晶石会作为砾石在河床上沉积。在缅甸，红宝石会与尖晶石一起从这些沉积物中被开采出来。以前，人们有时会把红色的尖晶石和红宝石混淆，例如英国王室珍藏的"黑王子红宝石"，实际上是尖晶石。

磁铁矿

英文名：Magnetite
化学式：$Fe^{2+}Fe^{3+}_2O_4$

晶系
等轴晶系

■**产状** 岩浆岩、伟晶岩、热液矿脉、变质岩、
矽卡岩、沉积物、沉积岩
■**相对密度** ————————5.18
■**硬度** ————————6

类别：氧化物矿物

解理：无

光泽：金属光泽

颜色 / 条痕色：黑 / 黑

产地：美国、巴西、瑞典、南非

● 磁铁矿（日本长崎县西海市鸟加乡产）

35毫米

▲ 强磁性是磁铁矿的特征。

磁铁矿的
八面体晶体

◆ 磁铁矿是仅次于赤铁矿的重要的铁的矿石矿物

磁铁矿几乎拥有任何产状，并且广泛分布在世界各地。它作为砂铁的主要成分，无论在哪个河滩或海滨都能找到。强磁性是磁铁矿的特征，使用磁铁可以轻易将其收集。但是，当人们拿着指南针靠近富含磁铁矿的岩石（玄武岩等）时，指南针会失灵，导致迷失方向，甚至出现危险。磁铁矿晶体常见立方体、八面体、菱形十二面体及其他形状。

名字的由来 英文名来源于一个希腊传说中的牧羊人马格内斯（Magnes）的名字。

铬铁矿

英文名：Chromite
化学式：$Fe^{2+}Cr_2O_4$

晶系
等轴晶系

■产状 岩浆岩、变质岩、沉积物
■相对密度 ——— 4.3～4.8
■硬度 ——— 5.5～6.5

类别：氧化物矿物
解理：无
光泽：金属光泽
颜色 / 条痕色：黑 / 黑褐
产地：俄罗斯、巴基斯坦、南非、菲律宾

● 铬铁矿（菲律宾产）

作为母岩的超基性岩

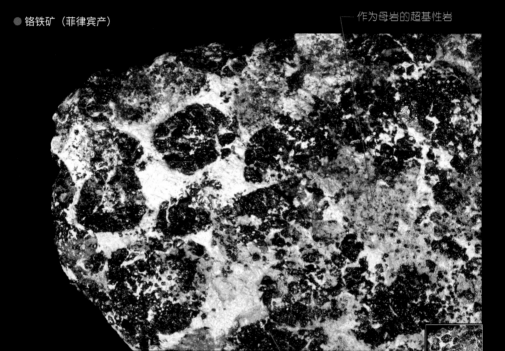

铬铁矿

53毫米

◆ 铬铁矿的离子呈现出多彩的颜色

　　铬铁矿是铬的重要矿石矿物，它和富含镁的镁铬铁矿在化学成分上相似，其中铁元素和镁元素可以相互置换。铬铁矿的颜色 / 条痕色呈黑色，但随着镁含量的增加，会出现褐色。

　　铬铁矿在超基性岩（纯橄榄岩等）或超基性岩受蚀变而成的蛇纹岩中较为常见。铬铁矿通常呈块状和颗粒状，罕见八面体晶体。

名字的由来　铬离子呈现的颜色多种多样，其英文名来源于意为"颜色"的希腊语。

黑锰矿

英文名：Hausmannite
化学式：$Mn^{2+}Mn^{3+}_2O_4$

■晶系
四方晶系

■产状 热液矿脉、变质岩
■相对密度 ⊢————⊣ 4.8
■硬度 ⊢————⊣ 6

类别：氧化物矿物

解理：完全解理

光泽：半金属光泽、土状光泽

颜色 / 条痕色：黑、褐 / 褐

产地：美国、德国、瑞典、南非

● 黑锰矿（日本宫崎县秋元矿山产）

锰橄榄石

黑锰矿　　　　菱锰矿　　　　黑锰矿

←105毫米→

黑锰矿是锰的重要矿石矿物之一

黑锰矿会形成八面体晶体，但多以块状产出。在日本，黑锰矿经常在变质锰矿床中产出，大多呈巧克力色的块状。

黑锰矿常与锰橄榄石和菱锰矿等共生，但它不会与石英或蔷薇辉石共生。

名字的由来　英文名来源于德国矿物学家豪斯曼（J.F.L.Hausmann）的名字。

金绿宝石

英文名：Chrysoberyl
化学式：$BeAl_2O_4$

）晶系
斜方晶系

■产状 伟晶岩、变质岩、沉积物
■相对密度 ——7—— 3.75
■硬度 ——7— 8.5

类别：氧化物矿物
解理：一组完全解理
光泽：玻璃光泽
颜色／条痕色：黄、绿、绿褐／白
产地：俄罗斯、印度、斯里兰卡、巴西

● 金绿宝石的双晶（巴西产）

25毫米

◆ 金绿宝石随光源变色，呈现出一条美丽的光带

金绿宝石因其为黄绿色系的矿物而得名（也叫作金绿玉）。颜色随光源变化而改变的金绿宝石叫作变石（亚历山大石），包裹体中能看到一条明亮光带的金绿宝石叫作猫眼石。

金绿宝石主要在伟晶岩和结晶片岩中产出，其心形和算盘珠状的双晶较为出名。

名字的由来　英文名来源于意为"金黄的绿宝石"的希腊语。

变石（亚历山大石）

英文名：Alexandrite

产地：俄罗斯、斯里兰卡、巴西、缅甸、津巴布韦

● 变石（津巴布韦产）

← 28毫米 →

金绿宝石（亚历山大石型）

◆ 光源不同，呈现的颜色也不同

变石是 19 世纪中期在俄罗斯帝国发现的宝石。这是一种神奇的石头，光源不同，呈现的颜色也不同。这是因为金绿宝石中存在少量的铬，这使得它在红色波长强烈的白炽灯下看起来呈红紫色，而在蓝色波长强烈的阳光下看起来呈绿色。

名字的由来　变石在发现之初，被献给了当时的俄罗斯帝国皇帝亚历山大二世，它的英文名就来源于此。

小故事

呈现出各种颜色的铬

含有少量铬的宝石矿物会呈现出各种颜色。这并不奇怪，毕竟铬元素的英文名就来源于意为"颜色"的希腊语。有趣的是，金绿宝石中的铬会吸收其他颜色，只留下波长长的红色和波长短的绿色。因此，在偏红的白炽灯下它呈红色，而在偏蓝的强烈阳光下呈绿色。会发生这种现象的金绿宝石被称为变石，但少数情况下，石榴石和电气石也会发生这种现象。

岩盐

英文名：Halite
化学式：NaCl

晶系
等轴晶系

■产状 蒸发岩
■相对密度 ———— 2.1 ～ 2.2
■硬度 ——— 2.5

类别：卤化物矿物
解理：三组完全解理
光泽：玻璃光泽
颜色／条痕色：无色、蓝／白
产地：美国、德国、英国

● 岩盐（美国加利福尼亚州产）

▲ 立方体岩盐（可见骸晶）。 —— 岩盐

←——→ 48毫米

🔶 微量杂质或晶体结构缺陷会导致岩盐的颜色发生改变

因地质作用形成的盐的晶体被称为岩盐，加工后可食用。盐湖或内陆海干涸后，会形成大规模的岩盐矿床。

岩盐可溶于水，因此只有在被不透水的黏土层覆盖，或在干旱地区，才会形成矿床，从而保留下来。岩盐的晶体

以无色或白色立方体产出，具有完整晶面的情况十分罕见。

微量的杂质会使岩盐呈现橙色或粉红色，而晶体结构缺陷会使其呈现深蓝色或紫色。

角银矿

英文名：Chlorargyrite
化学式：AgCl

晶系
等轴晶系

■产状 氧化带
■相对密度 —————— 5.5
■硬度 —————— 2～3

类别：卤化物矿物

解理：无

光泽：金刚光泽～树脂光泽

颜色 / 条痕色：无色、淡黄、淡绿 / 白

产地：美国、智利、德国

矿物图鉴

● 角银矿（美国亚利桑那州产）

光泽强烈的粒状晶体

5毫米

🔷 角银矿与氯化银是同一物质

角银矿是银矿床的氧化带产出的次生矿物。它的自形晶呈立方体或八面体，在石英晶洞中可见。用于制造摄影胶片的氯化银与角银矿是同一种物质，其新鲜的晶体呈无色或淡色，但在强光下会发黑。它的晶体结构与氯被溴置换后的溴银矿相同。在日本，角银矿产自福岛县高玉矿山等地。

萤石

英文名：Fluorite
化学式：CaF_2

◇晶系
等轴晶系

类别：卤化物矿物

■产状 伟晶岩、热液矿脉、矽卡岩

解理：四组完全解理

光泽：玻璃光泽

颜色／条痕色：无色、绿、蓝、粉、黄／白

■硬度 —————— 4

产地：英国、中国、澳大利亚、德国

● 萤石（英国产）

133毫米

▲ 因解理破裂成八面体的萤石。

立方体晶体

◆ 萤石在黑暗中加热后发出蓝白色的光

　　"荧光"一词来自萤石的英文名，这是因为萤石在紫外线的照射下经常发荧光。萤石受微量元素和晶体结构缺陷的影响，会呈现各种颜色。它还被当作炼铁和炼铝的助熔剂。

　　过去，无色、透明的天然晶体会被用来制造显微镜的光学透镜，因为它们具有普通光学玻璃不具备的光散射特性。如今，人们可以合成大型的萤石晶体，用于制造光学镜头。

氯铜矿

英文名：Atacamite
化学式：$Cu_2Cl(OH)_3$

晶系
斜方、三斜晶系

- 产状　氧化带
- 相对密度 —————— 3.75 ～ 3.77
- 硬度 —————— 3 ～ 3.5

类别：卤化物矿物

解理：一组完全解理

光泽：玻璃光泽

颜色 / 条痕色：绿 / 绿

产地：智利、秘鲁

● 氯铜矿（智利产）

▲ 可被酸溶解。

—— 氯铜矿

5毫米

◆ 氯铜矿在铜矿床与海水发生反应的地方形成

氯铜矿的原产地在智利的阿塔卡马沙漠。它作为一种次生矿物，在干旱地区或铜矿床（海岸附近）与海水发生反应的地方形成，有时在火山口也可见。

与氯铜矿成分相同但晶体结构不同的矿物有副氯铜矿、克斜氯铜矿和斜氯铜矿，它们外观相似，且产状相同。有时这几种类型的矿物会混在一起产出，很难用肉眼区分，但如果晶体形态清晰，可以通过形态判断。

伊予石

英文名：Iyoite

化学式：MnCuCl(OH)

■ 晶系 单斜晶系	◦ 类别：卤化物矿物
■ 产状 热液矿脉、矽卡岩	◦ 解理：一组中等解理
■ 相对密度 ————3.22	◦ 光泽：玻璃光泽
■ 硬度 ——2	◦ 颜色／条痕色：绿／淡绿
	◦ 产地：日本

● 伊予石（日本爱媛县佐多岬半岛产）

三崎石

伊予石

约3.5毫米

◆ 铜和锰与海水发生反应，形成伊予石

伊予石是在日本爱媛县佐多岬半岛的海岸发现的新矿物，呈绿色针状。含自然铜的锰矿石散落在海岸边，它们与海水中的氯发生反应，就形成了伊予石。铜矿石与海水发生反应，会形成氯铜矿等其他矿物，伊予石相当于氯铜矿族的斜氯铜矿（Botallackite）中一半的铜被置换成锰后形成的产物。除此之外，人们还发现了一个新品种。它有和伊予石相似的化学成分和晶体结构，被命名为三崎石（Misakiite）。

◆ 名字的由来

伊予石和三崎石的汉字名分别来自佐多岬半岛面对的伊予滩（北侧）和三崎滩（南侧）。

冰晶石

英文名：Cryolite
化学式：Na_2NaAlF_6

● 晶系
单斜晶系

■产状 伟晶岩
■相对密度 ——— 3
■硬度 ——— 2.5

类别：卤化物矿物

解理：一组中等解理

光泽：玻璃光泽

颜色 / 条痕色：白、灰、无色 / 白

产地：丹麦（格陵兰岛）

● 冰晶石（格陵兰岛产）

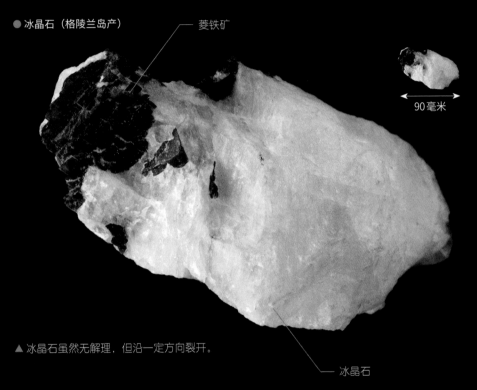

菱铁矿

90毫米

▲ 冰晶石虽然无解理，但沿一定方向裂开。

冰晶石

◆ 在格陵兰岛发现的一种类似冰的矿物

冰晶石在花岗伟晶岩中形成，或作为流纹岩的晚期结晶矿物产出，其自形晶呈假立方体和假八面体。冰晶石曾在提纯铝时被当作熔剂使用，但随着资源的枯竭以及廉价代替品的出现，现在基本上不再使用冰晶石了。

 小故事

与冰类似的冰晶石

在格陵兰岛被发现的冰晶石，外观酷似冰块，英文名来源于意为"冰之石"的希腊语。事实上，冰晶石的折射率十分低，把透明的冰晶石晶体片放入水中，很难看清其轮廓。

方解石

英文名：Calcite

化学式：Ca (CO$_3$)

晶系

三方晶系

类别：碳酸盐矿物

解理：三组完全解理

光泽：玻璃光泽

颜色 / 条痕色：无色、白、黄、粉、淡蓝 / 白

产地：冰岛、美国、墨西哥、英国、德国

■产状　岩浆岩、伟晶岩、热液矿脉、变质岩、
　　　沉积岩

■相对密度 —————— 2.6～2.9

■硬度 ————— 3

● 方解石（日本东京都奥多摩町产）

76毫米

▲ 在石灰岩的空隙中时常可以看到大块方解石的晶体，
含有少量铁的方解石呈黄褐色。

◆ 方解石的晶体形态繁多

方解石既是一种矿物，也是族名。它是地壳中除长石和石英外最常见的矿物。它产状众多，遍布世界各地。而作为水泥原料的石灰岩，几乎完全是由方解石组成的。

在热液矿脉中，它作为金属矿物的脉石也十分常见。以方解石为主要成分的火山岩被称为碳酸岩。它含有稀有金属矿物，如铌和锆。方解石的晶体形状繁多，主要包括犬牙状晶体等。

小故事

很容易了解的方解石

方解石是一种通过简单的实验就能了解的矿物。例如，透过方解石的透明晶体看文字或图片，会出现双折射；当它裂开时，会形成菱形的解理块；往方解石上滴盐酸，就会释放二氧化碳气体；等等。方解石的英文名来源于拉丁语 calx，意思是"石灰"。

● 方解石的解理块（中国产）

菱铁矿

英文名：Siderite
化学式：Fe (CO₃)

◎ 晶系
三方晶系

■产状 岩浆岩、伟晶岩、热液矿脉、变质岩、
沉积岩

■相对密度 ———————— 3.96

■硬度 ———————— 3.5 ~ 4.5

• 类别：碳酸盐矿物

• 解理：三组完全解理

• 光泽：玻璃光泽、珍珠光泽

• 颜色 / 条痕色：黄、黄褐 / 淡黄褐

• 产地：加拿大、丹麦、英国、德国、巴西、
玻利维亚

● 菱铁矿（日本埼玉县秩父矿山产）

几乎整体由细小的菱铁矿晶体构成 —— 黄铁矿 ——

◀————▶
46毫米

◆ 因生物活动形成的铁矿层，其主要成分也是菱铁矿

菱铁矿作为方解石族的一员，有时会大量聚集，从而形成铁矿资源。菱铁矿的晶体除了呈犬牙状、菱面体状产出外，还呈块状、土状、球状、葡萄状等。

名字的由来 英文名来源于希腊语 sideros，意思是"铁"。

用于显微镜的晶体

日本产的显微镜已有 100 多年的历史。人工合成晶体已被用于显微镜、望远镜和相机镜头等一系列光学仪器。

●激起人们极大兴趣的萤石镜片

正如相机和望远镜爱好者所熟知的那样，具有低色差的低色散镜头使用了超低色散（非正常棱镜效应）的萤石镜片。

尽管近年来低色散玻璃早已普及，但采用萤石镜片制作的高端相机镜头以及望远镜，还是激起了人们相当大的兴趣。对单晶体来说，若要加工成镜片，不光要注重颜色，其内部也不能有丝毫裂缝和杂质。然而，符合这些要求的天然晶体并没有那么容易获得。对那些需要大孔径镜头的望远镜和照相机来说，需要使用在严格工艺管控下形成的高纯度氟化钙单晶，也就是人造萤石的单晶体。而那些不需要大型透镜的显微镜，则使用天然的优质晶体。

就在日本刚开始制造显微镜时，一家著名的德国光学仪器制造商正在世界各地寻找优质的大颗粒萤石，他们当时采购了日本九州尾平产的萤石。

●利用方解石特性的尼科尔棱镜

偏光显微镜是观察矿物时不可或缺的显微镜。它安有能将普通光变为线偏振光的装置——起偏器（下偏光镜）和检偏器（上偏光镜）。起偏器位于光源和被检物体之间，检偏器位于物镜和目镜之间，让偏振方向正交。

如今，这些偏振板被制作成偏振滤光片。但在偏振滤光片发明以前，偏振板是由两块双折射明显的方解石透明单晶解理片，在特定的平面上层压而成的。苏格兰物理学家、地质学家威廉·尼科尔充分利用方解石的特性——双折射和完美的解理，发明了偏振板。人们把偏振板称为尼科尔棱镜。

菱锰矿

英文名：Rhodochrosite
化学式：Mn (CO_3)

晶系
三方晶系

- ■产状 伟晶岩、热液矿脉、变质岩、沉积岩
- ■相对密度 ——— 3.6～3.7
- ■硬度 ——— 3.5～4.5

类别：碳酸盐矿物

解理：三组完全解理

光泽：玻璃光泽、珍珠光泽

颜色 / 条痕色：白、灰、黄褐、粉、红 / 白

产地：美国、加拿大、墨西哥、秘鲁、南非

● 块状的菱锰矿（日本长野县龙岛矿山产）

菱锰矿

65毫米

◆ 用作装饰品的锰资源

　　菱锰矿也是方解石族的一员，主要在热液矿脉或变质锰矿床中大量产出。它除了作为锰资源，还会被当成装饰品使用。菱锰矿的晶体形态多种多样，主要以犬牙状、菱面体状为主。

　　菱锰矿集合体的变化也十分丰富，主要呈葡萄状、钟乳状、叶片状等。

名字的由来 英文名来源于希腊语 rhodokhros，意思是"玫瑰色"，这也是菱锰矿的代表颜色之一。

● 菱锰矿的晶体（日本秋田县尾去泽矿山产）　　黄铜矿

▲ 在矿脉的间隙中生长的菱锰矿晶簇。　　菱锰矿　　石英

←→ 42毫米

◆ 小故事

菱锰矿的魅力

　　尽管大多数菱锰矿都是灰色的，很不起眼，但深红色、粉红色的菱锰矿却魅力十足。产自南非的深红色犬牙状菱锰矿晶体，深受收藏家们喜爱。此外，水晶颗粒密集，带红色和粉红色条纹的块状菱锰矿，常常会被加工成装饰品。产自阿根廷的名为"印加玫瑰"的菱锰矿十分出名。

菱锌矿

英文名：Smithsonite

化学式：Zn(CO_3)

晶系 **三方晶系**	类别：碳酸盐矿物
	解理：三组完全解理
■产状　氧化带	光泽：玻璃光泽
■相对密度 —————— 4～4.5	颜色/条痕色：灰、黄、绿、灰蓝、褐/白
■硬度 —————— 4.5～5	产地：美国、墨西哥、德国、希腊、纳米比亚

● 菱锌矿（澳大利亚产）

48毫米

▲ 圆润的犬牙状晶体集聚在一起。

菱锌矿

🔶 色彩丰富的趣味葡萄状集合体

　　菱锌矿虽然是方解石族的一员，但与其他方解石族成员不同，它只在氧化带中可见。菱锌矿颜色丰富，葡萄状集合体是它的独特之处，经常会被当作观赏用的标本。

> **名字的由来**　英文名来源于英国科学家詹姆斯·史密森（James Smithson）的名字。他是美国华盛顿史密森学会的主要赞助人。

白云石

◎ 晶系
三方晶系

■产状 热液矿脉、变质岩、矽卡岩、沉积岩
■相对密度 ————————2.8 ~ 2.9
■硬度 ————————3.5 ~ 4

类别：碳酸盐矿物

解理：三组完全解理

光泽：玻璃光泽

颜色 / 条痕色：无色、白、淡黄、淡褐 / 白

产地：西班牙、意大利、墨西哥、阿尔及利亚、纳米比亚

● 白云石（日本埼玉县秩父矿山产）

白云石（可见菱形的晶体形状）

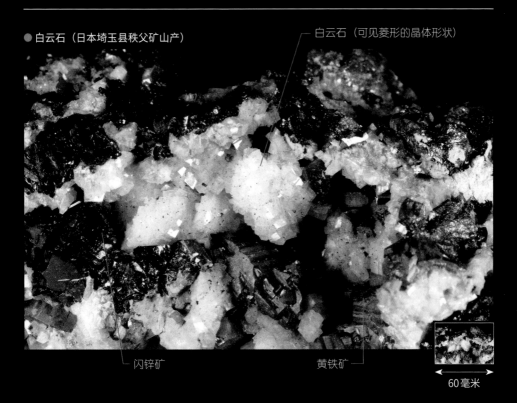

闪锌矿

黄铁矿

60毫米

◆ 白云石用途广泛

白云石具有方解石和菱镁矿结合的产物的化学成分，但它的原子排列与这个结合的产物有些不同。白云石除了是镁的原料，还被用于钢铁、陶瓷、保健品的制作。

白云石是白云质灰岩的主要成分。

白云石常见菱面体晶体，这些晶体不断堆积，形成像马鞍一样的形状。

名字的由来 英文名来源于法国矿物学家、地质学家多洛米厄（Déodat de Dolomieu）的名字。

文石（霰石）

英文名：Aragonite
化学式：Ca (CO$_3$)

晶系
斜方晶系

■产状 火山岩、热液矿脉、变质岩、沉积物·沉积岩、氧化带
■相对密度 ——————— 2.9～3
■硬度 ——————— 3.5～4

类别：	碳酸盐矿物
解理：	无解理、一组不完全至中等解理
光泽：	玻璃光泽
颜色 / 条痕色：	无色、白、淡紫、褐、淡蓝 / 白
产地：	西班牙、德国、墨西哥、摩洛哥、纳米比亚

● 双晶六方柱状的文石（摩洛哥产）

▲ 文石看起来像六方柱，但仔细观察可以在六边形形成的
地方看到凹陷处，其菱形柱是由三连晶形成的。

45毫米

◆ 文石的晶系与方解石不同

文石和方解石是多型关系。若是化学成分纯净，与方解石相比，文石能在更高的高压条件下形成。

因为大多数文石在形成时含有其他成分，所以也能在温泉沉淀物、地表的氧化带等低压条件下形成。

● 文石的针状晶体呈放射状集合体（日本三重县鸟羽市白木产）

蛇纹岩

77毫米

霰石的针状晶体呈放射状集合体

矿物图鉴

名字的由来　英文名来源于原产地的地名——西班牙阿拉贡自治区（Aragon）。

● 文石（日本福岛县饭馆村佐须产）

小知识　**晶体的集合体**

　　碳酸钙与文石类似，它也和贝壳、珍珠层一样，形成于生命活动。其针状晶体形成层状、钟乳石状和颗粒状集合体。菱形柱状晶体的三连晶形成的假六方柱也十分有名。

● 文石（西班牙产）

白铅矿

英文名：Cerussite
化学式：Pb (CO₃)

○ 晶系
斜方晶系

■产状　氧化带
■相对密度 ——— 6.4～6.6
■硬度 ——— 3～3.5

类别：碳酸盐矿物
解理：两组不完全至中等解理
光泽：金刚光泽、玻璃光泽
颜色／条痕色：无色、白、灰、淡褐／白
产地：美国、墨西哥、英国、摩洛哥、纳米比亚

● 白铅矿的显晶集合体（日本秋田县龟山盛矿山产）　—— 硅孔雀石

▲ 铅矿床的氧化带中最受欢迎的矿物，
　它的光泽与石英不同。

石英（水晶）　—— 白铅矿

40毫米

◆ 白铅矿加入稀盐酸会溶解产生气泡

　　白铅矿与文石的原子排列相同，它只在含方铅矿矿床的氧化带中可见，其晶体形状呈板状、柱状等，有时板状晶体还会形成宛如雪花结晶般的双晶。

　　硫酸铅矿与白铅矿拥有相同的产状和颜色，二者难以用肉眼区分。但白铅矿加入稀盐酸会溶解产生气泡，可以根据这一点来辨别。

 名字的由来 英文名来源于拉丁语 cerussa，意思是"白色的铅"。

● 白铅矿的双晶（摩洛哥产）

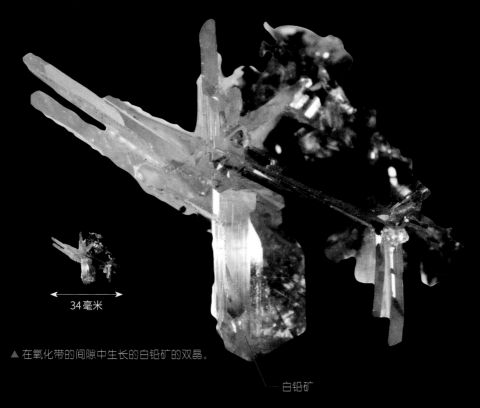

34毫米

▲ 在氧化带的间隙中生长的白铅矿的双晶。

白铅矿

氟碳铈矿

英文名：Bastnaesite
化学式：Ce(CO₃)F

◎ 晶系
六方晶系

■产状 深成岩、伟晶岩、变质岩
■相对密度 ———————— 4.72 ～ 5.12
■硬度 —————— 4 ～ 4.5

类别：碳酸盐矿物

解理：三组不完全解理

光泽：玻璃光泽、油脂光泽

颜色 / 条痕色：淡黄、淡红褐 / 白

产地：瑞典、美国、马达加斯加、巴基斯坦、中国

● 氟碳铈矿（巴基斯坦产）

15毫米

▲ 从六角板状晶体的正上方拍摄到的氟碳铈矿。

◆ 氟碳铈矿是以稀土元素为主要成分的矿物

矿物中的稀土元素通常会多个元素一同出现。矿物中含量最多的稀土元素会标在矿物名称后面，来表示该矿物的种类名称。

氟碳铈矿中含量最多的是铈，其晶体呈六方板状、短柱状等。

名字的由来　英文名来源于它的原产地——瑞典的巴斯特纳矿山。

绿铜锌矿

英文名：Aurichalcite
化学式：$(Zn,Cu)_5(CO_3)_2(OH)_6$

晶系
单斜晶系

■产状 氧化带
■相对密度 ━━━━━━ 3.9
■硬度 ━━━━━ 1～2

类别：碳酸盐矿物

解理：一组完全解理

光泽：丝绢光泽、珍珠光泽

颜色 / 条痕色：蓝、蓝绿 / 白～淡蓝绿

产地：美国、意大利、希腊、刚果民主共和国

● 绿铜锌矿（日本静冈县河津矿山产）

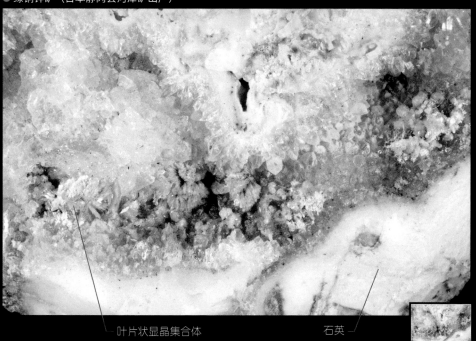

└ 叶片状显晶集合体

石英 ┘

◀━━━▶
30毫米

◆ 绿铜锌矿的细小晶体看起来宛如花瓣

　　绿铜锌矿在含有黄铁矿或闪锌矿矿床的氧化带中形成。细小的叶状或针状晶体呈放射状聚集，看起来宛如花瓣。随着颜色变淡，它会变成不含铜的白色皮膜状水锌矿。

名字的由来

绿铜锌矿在 18 世纪时被命名，但命名原因不详。因为绿铜锌矿含有铜和锌，有人认为其英文名来源于意为"山中黄铜"的希腊语。

蓝铜矿

英文名：Azurite

化学式：$Cu_3(CO_3)_2(OH)_2$

晶系
单斜晶系

■产状　氧化带
■相对密度 ————— 3.7～3.8
■硬度 ————— 3.5～4

类别：碳酸盐矿物

解理：一组完全解理

光泽：玻璃光泽

颜色／条痕色：蓝／青

产地：美国、墨西哥、英国、意大利、摩洛哥、
　　　纳米比亚、澳大利亚

● 蓝铜矿的板状晶体（日本静冈县河津矿山产）

蓝铜矿　　　　　　　　　　石英（水晶）

10毫米

◆ 在铜矿床的氧化带中形成的蓝铜矿

　　蓝铜矿作为最受欢迎的矿物，与孔雀石一同在铜矿床的氧化带中形成。深蓝的颜色是它的特点，能用于制造蓝色颜料。同样产自氧化带的蓝铅矿，其蓝色比蓝铜矿明亮，可以根据这一点来区分二者。

　　蓝铜矿在空气中不太稳定，所以它有时会保留外形，但内部转化成孔雀石。它的晶体除了呈板状和柱状，还会形成钟乳状、球状、葡萄状集合体。

名字的由来　英文名来源于波斯语 lazhward，意思是"蓝色"。

● 蓝铜矿的晶体集合体（中国产）

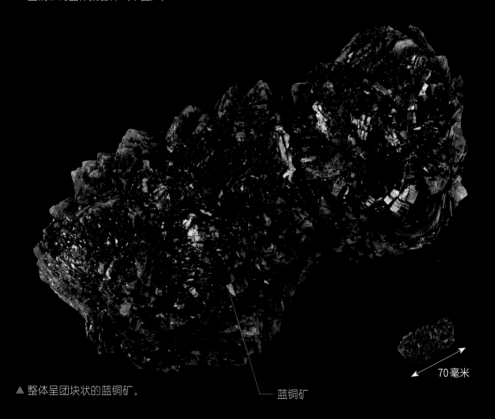

▲ 整体呈团块状的蓝铜矿。

蓝铜矿

70毫米

孔雀石

英文名：Malachite
化学式：Cu$_2$(CO$_3$)(OH)$_2$

■晶系
单斜晶系

■产状　氧化带

■相对密度 —————— 3.9～4

■硬度 —————— 3.5～4

类别：碳酸盐矿物

解理：一组完全解理

光泽：金刚光泽、丝绢光泽、土状光泽

颜色 / 条痕色：绿 / 淡绿

产地：美国、墨西哥、俄罗斯、刚果民主共和国、
摩洛哥、纳米比亚、澳大利亚、中国

● 块状的孔雀石（日本秋田县荒川矿山产）

▲ 覆盖在圆润母岩表面的孔雀石。

—— 孔雀石

←——→ 95毫米

研磨过的孔雀石会出现有趣的条纹

　　孔雀石作为矿物，自古以来一直被
用作绿色的矿物颜料，又被称为石绿。
它不会形成巨大的晶体，而是会形成由
针状、纤维状细微晶体组成的形状各异
的团块。晶粒大小不同的晶体会分层，
经过研磨会形成有趣的条纹图案。这种

孔雀石常被用作装饰品。

名字的
由来　　由于其极具特征的颜色，孔雀石的英
文名来源于希腊语 mallache，意思
是"绿色"。

● 研磨过的孔雀石（刚果民主共和国产）

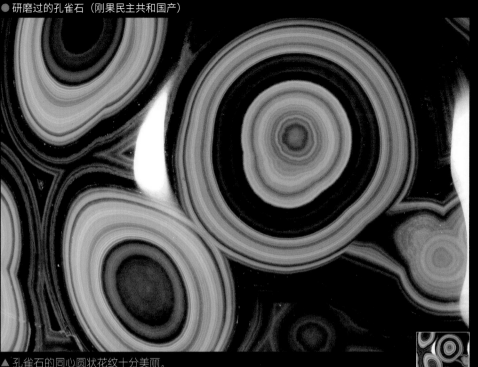

▲ 孔雀石的同心圆状花纹十分美丽。

←→ 48毫米

◆ 小故事

遗留在矿山中的宝藏

　　日本的锰矿山数量多、规模小，在一些锰矿山废墟中可以找到许多美丽的蔷薇辉石。蔷薇辉石作为锰的硅酸盐矿物，新鲜的断面表面呈现出漂亮的玫瑰色。

　　用于提炼锰的矿物主要是氧化物（软锰矿、黑锰矿等）和碳酸盐（菱锰矿等）。生产钢铁时使用的脱氧剂（硅锰矿），就是以硅酸盐矿石（所谓的硅锰矿）作为原料的。其中具有使用价值的是锰含量高的锰橄榄石（橄榄石族的一种），锰含量较低的蔷薇辉石经常会被丢弃。

　　其实，蔷薇辉石不仅美丽，而且其中以钒为主要致色元素的绿色蔷薇辉石（原田石、铃木石等）十分珍稀。由于它没什么用处，就这样被遗弃在矿山中。如今，我们很庆幸能够享受寻找它的乐趣。

碳酸铬镁矿

英文名：Stichtite
化学式：$Mg_6Cr_2(CO_3)(OH)_{16} \cdot 4H_2O$

◎ 晶系
三方晶系

■产状 变质岩
■相对密度 ━━━━━━━ 2.2
■硬度 ━━━━━ 1.5～2

类别：碳酸盐矿物

解理：一组完全解理

光泽：玻璃光泽、油脂光泽

颜色/条痕色：紫、粉/白～淡紫

产地：加拿大、南非、澳大利亚

● 碳酸铬镁矿（澳大利亚塔斯马尼亚产）

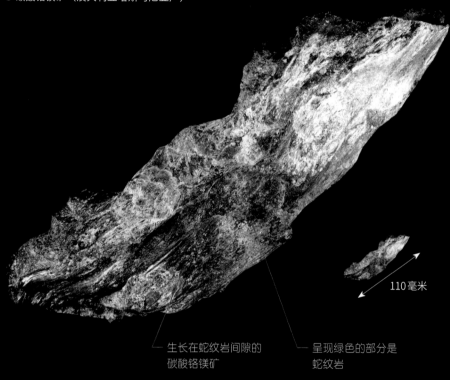

110毫米

┗━ 生长在蛇纹岩间隙的
碳酸铬镁矿

┗━ 呈现绿色的部分是
蛇纹岩

🔹 鲜紫色的细微晶体

　　鲜紫色的碳酸铬镁矿石细微晶体，在蛇纹岩中呈鳞片状、叶状和纤维状产出。作为蛇纹岩原岩的超基性岩，其含有的铬铁矿部分分解会释放三价的铬离子。而碳酸铬镁矿就是因为吸收了这些铬离子，才会呈紫色。碳酸铬镁矿的原产地是澳大利亚的塔斯马尼亚。

名字的由来

英文名来源于澳大利亚塔斯马尼亚一家矿业公司的总经理施蒂希特（R.Sticht）的名字。

羟硼铜钙石（逸见石）

英文名：Henmilite
化学式：$Ca_2Cu[B(OH)_4]_2(OH)_4$

晶系
三斜晶系

■产状 矽卡岩
■相对密度 ———— 2.5
■硬度 ———— 1.5～2

类别：	硼酸盐矿物
解理：	无
光泽：	玻璃光泽
颜色／条痕色：	深蓝～蓝紫／淡蓝
产地：	日本（冈山县）

● 羟硼铜钙石（日本冈山县布贺矿山产）

▲ 小块的晶体呈通透的鲜蓝色。

羟硼铜钙石

25毫米

美丽的羟硼铜钙石晶体群

日本冈山县高梁市布贺是著名的高温矽卡岩矿产地。此外，在地下开采的部分石灰岩矿山中有硼聚集，那里产出了许多硼酸盐矿物。

起初发现的羟硼铜钙石晶体十分细小，后来，人们终于发现了长达数毫米的美丽晶体群。

名字的由来 羟硼铜钙石在日本以逸见吉之助和逸见千代子父女俩的名字命名，他们都在日本冈山大学进行矿物学研究。

矿物图鉴

钠硼解石

英文名：Ulexite
化学式：NaCaB$_5$O$_6$(OH)$_6$·5H$_2$O

晶系
三斜晶系

- ■产状 蒸发岩
- ■相对密度 ———— 2
- ■硬度 ———— 2.5

类别：	硼酸盐矿物
解理：	一组完全解理
光泽：	玻璃光泽～丝绢光泽
颜色／条痕色：	白、灰、无色／白
产地：	美国、德国、智利

● 钠硼解石（美国加利福尼亚州产）

← 84毫米 →

▲ 纤维状显晶集合体。

—— 钠硼解石

◆ 光线在钠硼解石中边弯曲边传播

　　钠硼解石一般在盐湖蒸发形成的蒸发岩中产出。钠硼解石因其化学成分，在日语中又被称为曹灰硼石。某些产地产出的钠硼解石呈白色纤维状集合体，在这样的标本中，光线宛如光纤一般，从纤维的一端穿入，在纤维中一边弯曲一边传播。

名字的由来 把钠硼解石切割成垂直于纤维方向的板状并抛光，再将它放在写有文字的纸上。这时，纸上的文字看起来像是写在石头表面的一样。钠硼解石因此又被称为"电视石"。

重晶石

英文名：Baryte
化学式：Ba(SO₄)

晶系
斜方晶系

类别：硫酸盐矿物
解理：一组完全解理
光泽：玻璃光泽
颜色 / 条痕色：无色、白、黄、褐 / 白
产地：摩洛哥、美国、中国

■产状 热液矿脉、沉积物
■相对密度 ├───────────┤ 4.3 ～ 4.5
■硬度 ├───────────┤ 3 ～ 3.5

● 重晶石（美国亚利桑那州产）

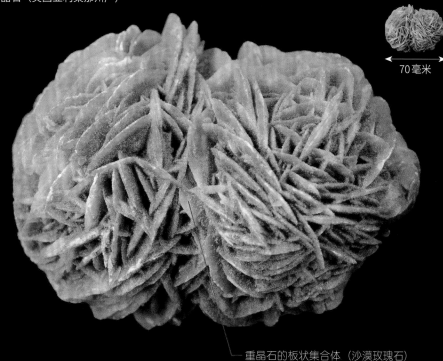

← 70毫米 →

重晶石的板状集合体（沙漠玫瑰石）

▲ 重晶石的板状晶体垂直于板面并裂开。

🔷 花瓣状的晶体集合体

　　重晶石在因盐湖蒸发而形成的沙漠地带可见。它在蒸发或地下水变化等某些特定条件下，会形成花瓣状晶体集合体——沙漠玫瑰石。

　　石膏也能形成沙漠玫瑰石，成因与重晶石相同。硫酸钡丰富的地方会形成重晶石沙漠玫瑰石，而在硫酸钙丰富的地方会形成石膏沙漠玫瑰石。重晶石的晶体表面覆盖着沙子，呈红褐色。

105

天青石

英文名：Celestine
化学式：Sr(SO₄)

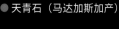

晶系
斜方晶系

■产状　沉积物、热液矿脉
■相对密度 —————— 3.9 ~ 4
■硬度 —————— 3 ~ 3.5

类别：硫酸盐矿物

解理：一组完全解理

光泽：玻璃光泽

颜色 / 条痕色：淡蓝、无色、白、淡黄 / 白

产地：马达加斯加、美国

● 天青石（马达加斯加产）

天青石

▲ 淡蓝色的晶体很常见．所以颜色无法成为识别天青石的决定性标志。

150毫米

◆ 英文名来源于拉丁语"天空的"

　　重晶石中的钡被锶置换，会形成天青石。天青石通常带蓝色，其英文名来源于拉丁语，意思是"天空的"。

　　天青石主要在沉积岩或热液矿床中产出。马达加斯加西北部的沉积岩中有大型的天青石团块，并因此而闻名。在日本，已知在重晶石的产状中，有类似黑矿中石膏伴生的纤维状以及颗粒状天青石。

	晶系		类别：硫酸盐矿物
	斜方晶系		解理：二组完全解理，一组中等解理

■产状 热液矿脉、沉积岩

■相对密度 ———————— 2.8～3

■硬度 ———————— 3～3.5

光泽：玻璃光泽

颜色 / 条痕色：无色、白、淡蓝、淡灰 / 白

产地：墨西哥、德国、美国

● 硬石膏（日本秋田县花冈矿山产）

矿物图鉴

←———→
130毫米

▲ 解理三组正交，其中二组完全解理。

硬石膏

🔻 硬石膏的晶体结构与石膏不同

　　硬石膏相当于完全去除结晶水的石膏，其英文名源自 "无水物" 一词。硬石膏的晶体结构与石膏完全不同，所以即便硬石膏遇水，也无法变回石膏。

　　硬石膏的产状与石膏相似，它除了

在海水蒸发后形成的蒸发岩和热液矿床中产出外，还会作为火山岩中的副矿物产出。

石膏

英文名：Gypsum
化学式：Ca(SO$_4$)·2H$_2$O

晶系
单斜晶系

■产状　热液矿脉、氧化带
■相对密度 ⊢————— 2.3
■硬度 ⊢—— 1.5 ～ 2

类别：硫酸盐矿物
解理：一组完全解理
光泽：玻璃光泽
颜色 / 条痕色：无色、白 / 白
产地：墨西哥、西班牙、摩洛哥、美国

● 石膏（日本东京都父岛产）

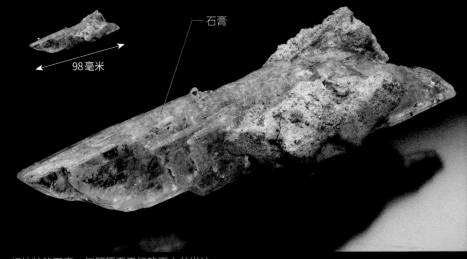

石膏

98毫米

▲ 板柱状的石膏，与解理面平行的面十分发达。

💎 比人高的石膏

石膏能在各种条件下形成，例如盐湖蒸发后形成的蒸发岩或热液矿床、黑矿型矿床、受到热液变质作用的岩石或黏土，以及火山升华物等。

在墨西哥，人们发现了一个长满石膏晶体的巨大洞穴，其中最长的晶体长十米多，因此远近闻名。撒哈拉沙漠产出的沙漠玫瑰石有些比人还高。

● 石膏沙漠玫瑰石（阿尔及利亚产）

▲ 在沙漠玫瑰石中，发育的晶面不平行于解理面。

胆矾

英文名：Chalcanthite
化学式：$Cu(SO_4) \cdot 5H_2O$

● 晶系
三斜晶系

■产状 氧化带
■相对密度 ━━━━ 2.3
■硬度 ━━━━ 2.5

类别：硫酸盐矿物

解理：一组不完全解理

光泽：玻璃光泽

颜色/条痕色：蓝/白

产地：智利、美国、日本

● 胆矾（日本岩手县土畑矿山产）

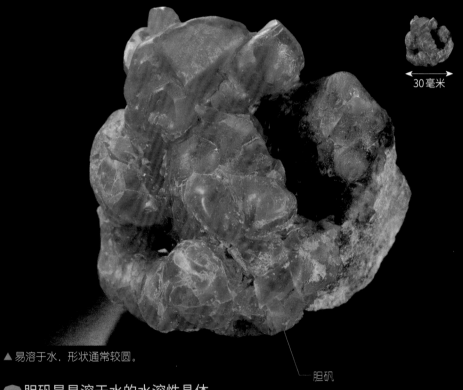

30毫米

▲ 易溶于水，形状通常较圆。

胆矾

◆ 胆矾是易溶于水的水溶性晶体

　　胆矾是铜矿物氧化分解形成的次生矿物。在矿山的坑道中，经常能发现钟乳石状的胆矾，但形状规整的自形晶较罕见。胆矾极易溶于水，即使弄湿了一点儿，也会导致它溶解或变形。不过，如果胆矾过于干燥，会失去结晶水，颜色会变得白而混浊，是一种难以保存的矿物。

名字的由来　英文名来源于希腊语"铜之花"。

水胆矾

英文名：Brochantite
化学式：$Cu_4(SO_4)(OH)_6$

晶系
单斜晶系

- **产状** 氧化带
- **相对密度** ⊢—✦———— 4
- **硬度** ⊢—✦——— 2.5〜4

类别：硫酸盐矿物

解理：一组完全解理

光泽：玻璃光泽

颜色 / 条痕色：深绿〜淡绿 / 绿

产地：摩洛哥、智利、美国、俄罗斯

● 水胆矾（日本静冈县河津矿山产）

▲ 水胆矾遇酸溶解不会产生气泡。

水胆矾的针状显晶集合体

45毫米

🔶 水胆矾的晶体偶呈放射状集合体

水胆矾是铜矿床的氧化带产出的次生矿物，其晶体多呈针状或毛发状，偶呈放射状集合体。此外，它还可能会形成柱状或板状晶体。

水胆矾在颜色、形态和产状方面，都与孔雀石十分相似。它与孔雀石的区别在于，孔雀石遇到盐酸会溶解，产生气泡，而水胆矾溶解不会产生气泡。

明矾石

英文名：Alunite

化学式：$KAl_3(SO_4)_2(OH)_6$

晶系
三方晶系

■产状 火山岩、氧化带
■相对密度 —————— 2.6 ～ 2.9
■硬度 —————— 3.5 ～ 4

类别：硫酸盐矿物

解理：一组中等解理

光泽：玻璃光泽

颜色/条痕色：无色、白、灰、黄、茶/白

产地：意大利、中国台湾、智利、美国

● 明矾石（日本静冈县宇久须矿山产）

← 68毫米 →

▲ 鳞片状的显晶集合体。

—— 明矾石

🔷 明矾石不溶于水，与明矾是不同的物质

明矾是单价和三价阳离子组成的复合硫酸盐（复盐是由两种或两种以上的简单盐类组成的晶形化合物）。说到明矾，通常指用于染色和烹饪的十二水硫酸铝钾，但它与明矾石是完全不同的物质，且不溶于水。明矾石是因硫酸气体（如火山熔岩气体）和热液的变质作用而形成的。

黄钾铁矾

英文名：Jarosite
化学式：$KFe^{3+}_3(SO_4)_2(OH)_6$

晶系
三方晶系

- ■产状　火山岩、热液矿脉、氧化带
- ■相对密度 ━━━━━━━ 2.6 ～ 3.3
- ■硬度 ━━━━━ 3.5 ～ 4

类别：硫酸盐矿物

解理：一组中等解理

光泽：亚金刚光泽～玻璃光泽

颜色 / 条痕色：黄、茶 / 白

产地：希腊、西班牙、澳大利亚

● 黄钾铁矾（福岛县猪苗代町沼尻产）

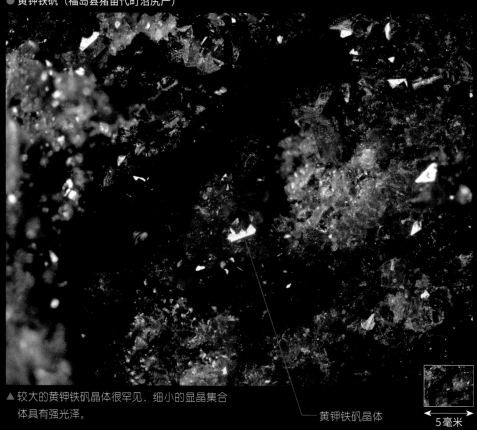

▲ 较大的黄钾铁矾晶体很罕见，细小的显晶集合
体具有强光泽。

黄钾铁矾晶体

5毫米

黄钾铁矾矿床通常为富含硫化铁的氧化带

　　黄钾铁矾的成分和晶体结构，相当
于明矾石中的铝置换成铁形成的产物。
它主要在富含硫化铁的氧化带产出，或
作为温泉沉积物等产出。

　　黄钾铁矾的黄褐色土状、块状集合
体较常见，有时还会形成叶状集合体。
六方板状和假截角八面体等形状较罕见。

大阪石

英文名：Osakaite

化学式：$Zn_4(SO_4)(OH)_6 \cdot 5H_2O$

● 晶系
三斜晶系

■产状 氧化带
■相对密度 2.7
■硬度 1

类别：硫酸盐矿物
解理：一组完全解理
光泽：玻璃光泽
颜色 / 条痕色：淡蓝～无色 / 白
产地：日本、希腊、意大利

● 大阪石（日本大阪府平尾旧坑产）

约1.7毫米

◆ 从含锌的地下水中析出的大阪石

　　大阪石是在大阪府箕面市的一个废弃矿井中发现的新矿物，它与水锌矿、菱锌矿等一系列锌的次生矿物一同被发现。大阪石的锌原子层呈片状排列的结构，而硫酸根离子和水分子则连接在这些锌原子层之间，构成了整个晶体的结构。与拥有相似晶体结构的钠铜锌钒（Namuwite）

和拉恩斯坦石（Lahnsteinite）相比，大阪石的水分子层间分布较广，层间水在室温下的进出可逆。大阪石在干燥的空气中，温度达到 35℃左右时就会脱水，变成钠铜锌钒；浸入常温的水中，会重新变回大阪石。

箕面石

英文名：Minohlite
化学式：$(Cu, Zn)_7(SO_4)_2(OH)_{10} \cdot 8H_2O$

⬡ 晶系
六方晶系

■**产状** 氧化带
■**相对密度** ━━━━━━ 3.4
■**硬度** ━━━━━━ 1～2

◈ 类别：硫酸盐矿物
◈ 解理：一组完全解理
◈ 光泽：玻璃光泽
◈ 颜色／条痕色：蓝绿／淡绿
◈ 产地：日本

● 箕面石（日本大阪府平尾旧坑产）

←→ 约1.7毫米

◆ 箕面石与锌的次生矿物共生

　　与大阪石一样，箕面石也是在大阪府箕面市的废弃矿井中发现的新矿物。箕面石的六角板状晶体，在生长时逐渐改变方向，形成极具特征的球状集合体。它的外观与羟碳锌铜矾（Schulenbergite）相似，用肉眼很难分辨。它的化学成分相当于羟碳锌铜矾多了几个额外的水分子。箕面石同时含有铜和锌，但由于它的晶体结构尚不明确，铜和锌是否都为箕面石的必要成分，或者铜是否为其主要成分且部分被锌置换，暂时不清楚。

手稻石

英文名：Teineite

化学式：$Cu^{2+}(Te^{4+}O_3) \cdot 2H_2O$

晶系
斜方晶系

■产状　氧化带
■相对密度 ▼——————— 3.8
■硬度 ▼——————— 2.5

类别：亚碲酸盐矿物

解理：一组中等解理

光泽：玻璃光泽

颜色 / 条痕色：深蓝 / 蓝

产地：日本、美国、墨西哥

● 手稻石（日本北海道手稻矿山产）

脉石英

手稻石

淡绿色的部分是碲的次生矿物

15毫米

🔷 手稻石因含铜而呈蓝色

　　1939 年，相关人员在日本北海道札幌市的手稻矿山发现了手稻石。这是一种罕见的矿物，主要由碲组成。有人认为，手稻石是由自然碲和黝铜矿或碲黝铜矿（以碲为主要成分的黝铜矿的一员）氧化分解形成的。

　　手稻石因含铜而呈蓝色，其针状晶体呈放射状，还会形成被膜状集合体。除了手稻矿山，手稻石的产地还有日本静冈县河津矿山、和歌山县岩出市的旧采石场。

铬铅矿

● 晶系
单斜晶系

■ 产状　氧化带
■ 相对密度 ━━━━━━━ 6
■ 硬度 ━━━━━ 2.5 ～ 3

类别：铬酸盐矿物

解理：一组中等解理

光泽：玻璃光泽、金刚光泽

颜色 / 条痕色：红、橙 / 黄～橙

产地：俄罗斯、澳大利亚、巴西、津巴布韦

● 铬铅矿（澳大利亚塔斯马尼亚产）

铬铅矿 ———— 　　褐铁矿化的母岩 ————

← 48毫米 →

◆ 藏红色的美丽矿物

铬铅矿是一种十分漂亮的矿物，在与含铬铁矿的超基性岩伴生的铅矿床氧化带中形成。18 世纪末，人们在俄罗斯乌拉尔地区产的铬铅矿中发现了新元素——铬。铬铅矿中的铬是六价的。

六价铬虽然有毒，但作为标本保管并不危险。铬铅矿还曾被用来制作一种名为铬黄的颜料。

> **名字的由来** 英文名来源于希腊语 krokoeis，意思是"藏红色"。

116

紫磷铁锰矿

英文名：Purpurite
化学式：$Mn^{3+}(PO_4)$

晶系
斜方晶系

- **产状** 氧化带
- **相对密度** —— 3.2 ～ 3.3
- **硬度** —— 4 ～ 4.5

类别：磷酸盐矿物

解理：一组完全解理

光泽：土状光泽

颜色 / 条痕色：红紫 / 紫

产地：美国、葡萄牙、法国、澳大利亚、纳米比亚

● 紫磷铁锰矿（纳米比亚产）

紫磷铁锰矿像一片薄薄的皮，在铁或锰的磷酸盐矿物分解的部分形成

← 55毫米 →

◆ 紫磷铁锰矿是在氧化带中形成的稀有矿物

紫磷铁锰矿作为一种罕见的矿物，在以磷酸盐矿物为主的伟晶岩氧化带中产出。它没有晶体形状，基本呈块状、土状产出。它比锰矿的颜色更紫，但随着铁含量的增加会变黑，含铁量高的磷铁石呈黑褐色。

117

独居石

英文名：Monazite
化学式：(Ce, La, Nd, Th) PO$_4$

◈ 晶系
单斜晶系

■产状 深成岩、伟晶岩、变质岩、沉积物
■相对密度 ├──────────┤ 4.9～5.5
■硬度 ├──────────┤ 5～5.5

类别：磷酸盐矿物

解理：一组中等解理

光泽：玻璃光泽、油脂光泽

颜色 / 条痕色：黄～红褐 / 白～淡褐

产地：冰岛、挪威、巴西、斯里兰卡

● 独居石（日本福岛县石川町盐泽产）

25毫米

—— 独居石的厚板状晶体

◆ 独居石是以稀土元素为主要成分的磷酸盐矿物

　　酸性盐岩浆岩和变质岩通常含有细小的独居石晶体，晶体较大的独居石则呈板柱状在伟晶岩中产出。

　　富含铈的独居石较常见，但也有些独居石含有铀和钍，因此具有弱放射性。

名字的由来

独居石在它最初的产地也是十分罕见的存在，英文名来源于希腊语 monazein，意思是"孤独的"。

磷钇矿

英文名：Xenotime-(Y)
化学式：Y(PO$_4$)

晶系	类别：磷酸盐矿物
四方晶系	解理：无
■产状 深成岩、伟晶岩、变质岩、沉积物	光泽：玻璃光泽、油脂光泽
■相对密度 —————— 4.4～5.1	颜色／条痕色：白、黄、红褐、淡绿／黄～淡褐
■硬度 —————— 4～5	产地：美国、加拿大、德国、印度、巴西

● 磷钇矿（日本福岛县石川町盐泽产）

磷钇矿 —— 黑云母

—— 风化的正长石

30毫米

磷钇矿含有离子半径较小的稀土元素

磷钇矿在世界各地都有产地，通常在花岗岩、片麻岩和伟晶岩中产出。与独居石不同的是，磷钇矿含有的稀土元素离子半径较小，如钇。

磷钇矿的晶体呈四方双锥状和四方

柱状，也常与锆石形成平行连晶。

名字的由来　英文名来源于希腊语 kenos timē，意思是"虚假的名誉"，因为人们曾误以为该矿物含有的钇是一种新元素。

矿物图鉴

● 磷钇矿（日本福岛县石川町新屋敷产）

磷钇矿的四方双锥晶体

10毫米

小故事

来自宇宙的绿色石头

大多数常见的矿物英文名以"ite"结尾，但也有少数英文名不以"ite"结尾的矿物。钠铬辉石（Kosmochlor）就是其中之一。该矿物是在坠落在墨西哥托卢卡的陨石中发现的，并于1897年命名，名字在希腊语中意为"宇宙与绿色"。

当时，磷钇矿尚未在地球岩石中被发现，直到20世纪60年代后期，日本京都益富地学会馆的创始人益富寿之助博士对一块从丝鱼川市的姬川中采集到的绿色石头进行研究。

研究结果表明，那块石头并不是钠铬辉石。由于样本只有一个，再加上该样本并非由博士亲自采集，所以他对待样本格外小心，并且在找到更多的样本之前，暂时没有发表相关论文。20世纪80年代，华侨学者欧阳秋眉发表关于首次在缅甸的翡翠中发现钠铬辉石的论文。现在，我们偶尔能在姬川中采集到钠铬辉石。

钙铀云母

英文名：Autunite

化学式：$Ca(UO_2)_2(PO_4)_2 \cdot 10\text{-}12H_2O$

○ 晶系
四方晶系

- ■产状　伟晶岩、沉积岩、氧化带
- ■相对密度 —————— 3.05 ～ 3.19
- ■硬度 ————— 2 ～ 2.5

类别：磷酸盐矿物	
解理：一组完全解理	
光泽：玻璃光泽、珍珠光泽	
颜色 / 条痕色：黄～淡绿 / 淡黄	
产地：美国、英国、法国、印度	

● 钙铀云母（日本冈山县人形岭矿山产）

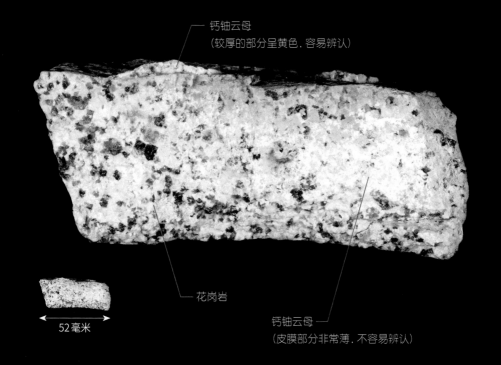

钙铀云母
（较厚的部分呈黄色，容易辨认）

花岗岩

钙铀云母
（皮膜部分非常薄，不容易辨认）

52毫米

◆ 钙铀云母在紫外线下发出强烈的绿色荧光

　　钙铀云母是一种含尿酸（普通的酸形成阴离子团，而尿酸形成阳离子团）的磷酸盐矿物。它主要在伟晶岩或沉积岩中产出。因尿酸而呈黄色是钙铀云母的特征，其晶体呈四方薄板状或柱状。

　　另外，皮膜状、土状的钙铀云母也很常见。钙铀云母具有放射性，在紫外线下会发出强烈的绿色荧光。

名字的由来　英文名来源于它的原产地——法国欧坦（Autun）。

矿物图鉴

121

● 钙铀云母发出的荧光（日本冈山县人形岭矿山产）

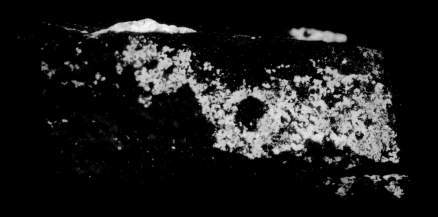

▲ 薄被膜部分的钙铀云母难以看清，但在紫外线灯的照射下变得清晰可见。虽然钙铀云母含铀，但这种物质的放射性不是很强。

小故事

稀土矿物的名称

以稀土为主要成分的矿物，英文名基本都带后缀"-（……）"，括号内写的是最突出的稀土元素的符号。例如，铈褐帘石的英文名是 Allanite-(Ce)，Ce 是元素铈的符号，铈是该矿物中最主要的稀土元素。很少有矿物只含一种稀土元素，稀土矿物中往往含有若干种元素。

因此，人们设计了一种命名法，来突出矿物所含稀土元素中最丰富的一种元素。原子序数大于钇（Y）的稀土矿物都遵循该命名法，只有原子序数最低的稀土矿物——钪（Sc）是例外。例如，水磷钪石（$S_cPO_4 \cdot 2H_2O$）的英文名是 Kolbeckite，而不是 Kolbeckite-（Sc），这是因为门捷列夫在制作元素周期表时，就已经预测到类硼的存在，再加上钪的原子特点与铝和硼相似，所以当时钪并没有被列入稀土的行列。

蓝铁矿

英文名：Vivianite
化学式：$Fe^{2+}_3(PO_4)_2 \cdot 8H_2O$

● 晶系
单斜晶系

■产状　伟晶岩、热液矿脉、沉积岩、氧化带
■相对密度 ⊢■——————— 2.7
■硬度 ⊢■———————— 1.5～2

類别：磷酸盐矿物
解理：一组完全解理
光泽：玻璃光泽、珍珠光泽、土状光泽
颜色／条痕色：无色、蓝色、蓝绿／白～淡蓝
产地：墨西哥、美国、德国、玻利维亚、巴西、日本

矿物图鉴

● 蓝铁矿的晶体（日本爱知县犬山市入鹿产）

伴有少许菱铁矿

在沙砾层的空隙中形成的蓝铁矿

35毫米

123

◆ 蓝铁矿的形成与地表附近的生命活动息息相关

　　蓝铁矿在铁的磷酸盐矿物中广泛可见，产状多种多样。磷和铁几乎是生物必须含有的物质，在活着的生物体内或体表都不会有类似蓝铁矿的物质，有时会在生物死亡后分解形成。贝壳、骨头、牙齿和树叶等的化石可能会被蓝铁矿置换。

　　另外，黏土层（大多数在日本三重县、奈良县和兵库县，被称为大阪层群，大约是在新近纪上新世末期至第四纪更新世中期沉积下来的）还会产出形状怪异的团块状蓝铁矿块。团块（与沉积岩周围环境成分不同的块状物）中有蓝铁矿的叶状集合体。

● 蓝铁矿（椭圆球，日本大分县姬岛村产）

● 蓝铁矿的小球状集合体（日本三重县桑名市产）

▲ 黏土层中的团块。

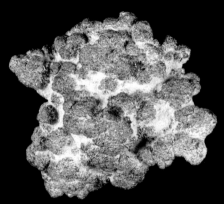

◆ 蓝铁矿在空气中会变成偏绿的蓝色

　　蓝铁矿还类似某种野兽的粪便。在现今的湖泊沉积物（如日本滋贺县琵琶湖）或古老的湖积层（如日本爱知县的犬山市和岐阜县的土岐市）中也会形成蓝铁矿。这些蓝铁矿显然源自生物。它们作为无机物，还存在于伟晶岩中富含铁和锰元素的磷酸盐中。据推测，蓝铁矿还可能是伟晶岩末期阶段的产物，或后期在氧化过程中形成的。蓝铁矿的晶体与石膏相似，类似匕首。采集时几乎没有颜色，但在空气中很快就会氧化，变得越来越蓝，最后从暗蓝色变成偏绿的蓝色。

名字的由来　英文名来源于发现该矿物的英国矿物学家维维安（J.G. Vivian）的名字。

磷灰石

英文名：Apatite
化学式：$Ca_5(PO_4)_3(F,OH,Cl)$

◎ 晶系
六方晶系

■产状 岩浆岩、伟晶岩、热液矿脉、变质岩、
矽卡岩、沉积岩

■相对密度 —————— 3.18 ～ 3.21

■硬度 —————— 5

类别：磷酸盐矿物

解理：无

光泽：玻璃光泽

颜色 / 条痕色：白、黄、褐、绿、蓝、红 / 白

产地：墨西哥、美国、加拿大、俄罗斯、玻利维亚、
纳米比亚

● 磷灰石（日本神奈川县山北町玄仓产）

石英（水晶）

绿泥石

磷灰石

▲ 在伟晶岩的晶洞中发现的磷灰石和水晶。

46毫米

◆ 磷灰石是作为磷肥原料的磷酸盐矿物

　　磷灰石作为最常见的磷酸盐矿物，几乎具有各种产状。大多数磷灰石富含氟，晶体为六方厚板状或柱状。哺乳动物的牙齿和骨骼的主要成分可以认为是富含羟基的磷灰石（羟磷灰石）。磷灰石大量产出，就会形成磷肥的原料。

磷灰石也是磷灰石超族的名称，该族拥有 48 种类型。其中，磷氯铅矿等 11 种矿物被归为磷灰石族。

名字的由来　英文名来源于希腊语 apate，意思是"欺骗"。这是因为与它相似的矿物非常多。

● 磷灰石（日本栃木县足尾矿山产）

▲ 生长在矿脉空隙中的六方板状显晶集合体。

磷灰石

48毫米

● 磷灰石（墨西哥产）

● 磷灰石（俄罗斯产）

磷氯铅矿

英文名：Pyromorphite

化学式：$Pb_5(PO_4)_3Cl$

晶系
六方晶系

■产状　氧化带

■相对密度 ——————— 7.04～7.24

■硬度 ——————— 3.5～4

类别：磷酸盐矿物

解理：无

光泽：树脂光泽

颜色 / 条痕色：绿、褐、黄 / 白

产地：美国、加拿大、墨西哥、德国、澳大利亚、中国

● 磷氯铅矿（日本岐阜县飞騨市神户町产）

▲ 呈典型绿色的磷氯铅矿。 ——— 褐铁矿化的母岩

25毫米

◆ 磷氯铅矿只在含方铅矿的矿床氧化带中产出

　　因为磷氯铅矿多呈绿色，所以日语名称带"绿"字。有时也会出现褐色系的磷氯铅矿。磷氯铅矿中的磷被砷置换的产物，被称为砷铅矿，有时还会形成其中间成分的矿物和环带结构。

名字的由来 英文名来源于希腊语 pyros 和 morphos，意思分别为"火"和"形状"，这是因为磷氯铅矿熔化后呈球形，冷凝时会形成晶体。

矿物图鉴

127

● 磷氯铅矿（日本石川县尾小屋矿山产）

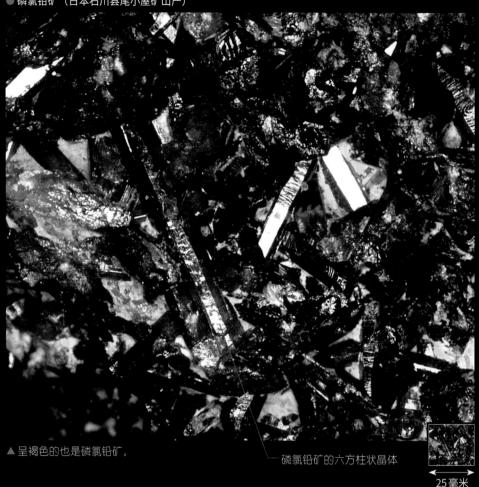

▲ 呈褐色的也是磷氯铅矿。

—— 磷氯铅矿的六方柱状晶体

25毫米

小故事

磷是从哪里来的

　　磷氯铅矿的主要成分之一就是磷。它在含方铅矿的矿床氧化带中十分常见，但在大多数情况下，人们并不清楚磷来自何处。

　　以方铅矿为主的矿石中并不含大量磷灰石，所以有可能是矿床形成末期，热液中的磷和氯与方铅矿分解的铅发生反应，形成磷氯铅矿。属于同类矿物的褐铅矿，其主要成分钒的来源也尚不清楚，两者的形成均可能与生物的参与有关。

绿松石

英文名： Turquoise
化学式： $CuAl_6(PO_4)_4(OH)_8 \cdot 4H_2O$

晶系
三斜晶系

■产状 变质岩、沉积岩、氧化带
■相对密度 ├────── 2.6 ~ 2.8
■硬度 ├────── 5 ~ 6

类别：	磷酸盐矿物
解理：	一组完全解理
光泽：	玻璃光泽、树脂光泽
颜色 / 条痕色：	蓝、蓝绿 / 白~淡绿
产地：	美国、伊朗、比利时、澳大利亚、埃及、智利

● 绿松石（美国亚利桑那州产）

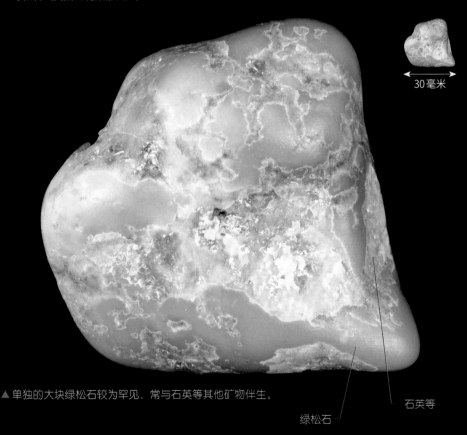

← 30毫米 →

▲ 单独的大块绿松石较为罕见，常与石英等其他矿物伴生。

绿松石 ── │

石英等

🔷 绿松石的晶体形状无法用肉眼看见

　　绿松石作为一种磷酸盐矿物，呈蓝色块状产出，含铁的绿松石带绿色。绿松石在含黄铁矿的矿床氧化带和富含有机物的沉积岩中可见。绿松石的晶体形状几乎无法用肉眼看见，在电子显微镜下可以观察到其菱形板状晶体。

　　绿松石主要用作装饰品，但市场上可见其染色品和仿制品。

● 绿松石在电子显微镜下的照片（日本栃木县日光市文挟产）

▲ 在铜矿床氧化带中，呈脉状、皮膜状的绿松石放大 4500 倍的样子。

● 绿松石（日本栃木县日光市文挟产）

名字的
由来
据说，绿松石曾经土耳其传入欧洲，因此又
被称为"土耳其石"。但一般认为它的产地是
古代波斯。

银星石

英文名：Wavellite
化学式：$Al_3(PO_4)_2(OH)_3 \cdot 5H_2O$

○ 晶系
斜方晶系

■产状 热液矿脉、变质岩、沉积岩、氧化带
■相对密度 ⌁————— 2.36
■硬度 ————— 3.5～4

类别：磷酸盐矿物

解理：两组完全解理

光泽：玻璃光泽、珍珠光泽

颜色 / 条痕色：无色、白、黄绿 / 白

产地：美国、玻利维亚、英国、德国、澳大利亚

● 银星石（美国阿肯色州产）

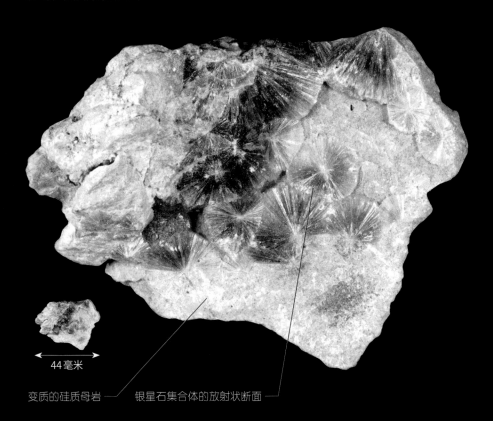

← 44毫米 →

变质的硅质母岩 —— 银星石集合体的放射状断面

◆ 银星石的断裂面星光闪烁

　　银星石作为磷酸盐矿物，主要在低温热液矿脉、富含磷的沉积岩和变质岩及其氧化带中产出。它原本是无色或白色的，但因混有铁和其他元素而呈绿色或黄褐色系。

● 银星石（日本高知县高知市丰田产）

黑色石英岩母岩

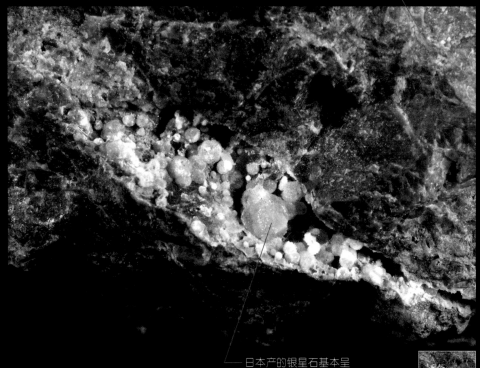

日本产的银星石基本呈
无色或白色产出

35毫米

● 银星石（美国阿肯色州产）

名字的
由来

银星石的针状晶体通常呈放射状聚集，形成球体，其断裂面看起
来像发光的星星，因此汉字名为银星石。英文名来自发现该矿物
的英国物理学家韦弗尔（W.Wavell）的名字。

钴华

英文名：Erythrite

化学式：Co$_3$(AsO$_4$)$_2$·8H$_2$O

● 晶系
单斜晶系

■产状 氧化带
■相对密度 3.06
■硬度 1.5～2.5

类别：砷酸盐矿物

解理：一组完全解理

光泽：玻璃光泽、珍珠光泽

颜色／条痕色：红紫、粉／淡红

产地：加拿大、法国、德国、摩洛哥、澳大利亚

● 钴华（日本和歌山县大胜矿山产）

辉钴矿等

针状晶体呈放射状，形成小球

25毫米

🔻 钴华的原子排列与蓝铁矿相同

钴华只在含辉钴矿的矿床氧化带中形成，由于含钴而呈鲜红色或粉红色。钴华的针状晶体聚集，会呈放射状、球状、皮膜状等。

它与蓝铁矿的原子排列相似，但不会形成像蓝铁矿那样大的晶体。

名字的由来　英文名来源于希腊语 eruthros，意思是"红色"。

矿物图鉴

133

镍华

英文名：Annabergite
化学式：$Ni_3(AsO_4)_2 \cdot 8H_2O$

晶系
单斜晶系

■产状　氧化带
■相对密度 ┣━━━━┫ 3.07
■硬度 ┣━┫ 1.5 ～ 2.5

类别：砷酸盐矿物

解理：一组完全解理

光泽：玻璃光泽、珍珠光泽

颜色 / 条痕色：绿、黄绿 / 白～淡绿

产地：美国、加拿大、澳大利亚、德国、希腊

● 镍华（日本静冈县静冈市口坂本产）

镍华的晶簇

▲ 十分薄的板状晶体聚集成海藻状。

← 10毫米 →

💎 肉眼可见的镍华晶体十分罕见

　　镍华矿物只出现在含红砷镍矿和辉砷镍矿的矿床氧化区。它与钴华具有相似的原子排列，因此存在一些相似的成分。

　　另外，镍华也可能会被镁置换。镍华的晶体比钴华还小，肉眼可见的晶体非常罕见。

> **名字的由来**　英文名来源于它的原产地的德文名称 Annaberg。

砷铅矿

英文名：Mimetite
化学式：$Pb_5(AsO_4)_3Cl$

晶系
六方晶系

■产状 氧化带
■相对密度 ———————— 7.24
■硬度 ——————— 3.5 ～ 4

类别：砷酸盐矿物	
解理：无	
光泽：树脂光泽	
颜色 / 条痕色：绿、黄橙、白 / 白	
产地：美国、英国、法国、德国、希腊	

● 砷铅矿（日本岐阜县洞户矿山产）

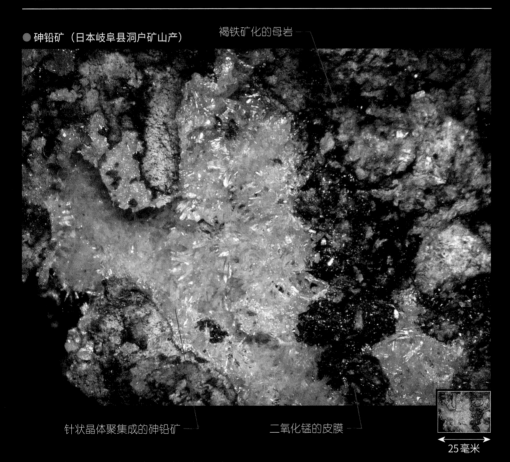

褐铁矿化的母岩

针状晶体聚集成的砷铅矿

二氧化锰的皮膜

← 25毫米 →

与磷氯铅矿十分相似的砷铅矿

　　砷铅矿与磷灰石的原子排列相似，能形成六方柱状晶体。 此外，它还以葡萄状、球状和皮膜状的集合体形式产出。砷铅矿还含有与磷氯铅矿的中间成分相近的矿物，因此二者很难用肉眼区分。

名字的由来　砷铅矿与磷氯铅矿非常相似，英文名来源于希腊语 mimētēs，意思是 "模仿者"。

水羟砷锌石

英文名：Legrandite
化学式：$Zn_2(AsO_4)(OH) \cdot H_2O$

晶系 单斜晶系	**类别：** 砷酸盐矿物
	解理： 无
■**产状** 氧化带	**光泽：** 玻璃光泽
■**相对密度** —— 3.98～4.01	**颜色 / 条痕色：** 淡黄 / 白
■**硬度** —— 4.5	**产地：** 墨西哥、纳米比亚、日本

● 水羟砷锌石（日本宫崎县土吕久矿山产）

15毫米

水羟砷锌石

◆ 全球罕见的矿物

　　水羟砷锌石的晶体在含闪锌矿和硫砷铁矿的矿床氧化带中，呈黄色柱状或短柱状产出。在墨西哥，除了奥胡埃拉矿山外，它还有多个产地。尽管如此，水羟砷锌石仍是一种全球罕见的矿物。

它曾在日本宫崎县土吕久矿山和冈山县扇平矿山中产出。

> **名字的由来** 英文名来自拥有过该矿物的比利时采矿工程师勒格朗（Legrand）的名字。

叶硫砷铜石

英文名：Chalcophyllite

化学式：$Cu_{18}Al_2(AsO_4)_4(SO_4)_3(OH)_{24} \cdot 36H_2O$

晶系
三方晶系

■产状　氧化带
■相对密度 ├────── 2.67 ～ 2.69
■硬度 ├─── 2

类别：砷酸盐矿物

解理：一组完全解理

光泽：玻璃光泽、珍珠光泽

颜色 / 条痕色：蓝绿、绿 / 淡绿

产地：美国、英国、德国、纳米比亚、智利

● 叶硫砷铜石（日本栃木县日光矿山产）

六方叶状晶体集聚形
成的叶硫砷铜石

20毫米

看似绿色云母的叶硫砷铜石

　　叶硫砷铜石只在含硫砷铜矿的氧化
带中形成，它是一种带硫酸基团的罕见
砷酸盐矿物。叶硫砷铜石的晶体呈六方
板状、叶状、鳞片状集合体产出。它有
时看起来像绿色的云母。

名字的由来　英文名来源于希腊语 khalkosphull-on，意思是"铜"和"叶"。

羟砷锌石

英文名：Adamite
化学式：$Zn_2(AsO_4)(OH)$

> 晶系
> 斜方晶系

- 产状 氧化带
- 相对密度 —/——— 4.32 ～ 4.48
- 硬度 —/——— 3.5

类别：砷酸盐矿物

解理：一组完全解理

光泽：玻璃光泽

颜色 / 条痕色：黄、淡绿、淡粉 / 白

产地：墨西哥、法国、德国、希腊、纳米比亚

● 羟砷锌石（墨西哥产）

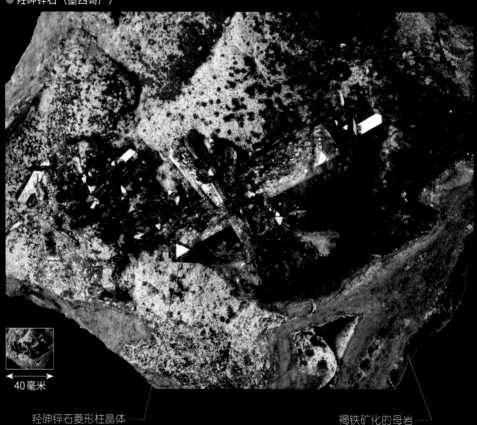

← 40毫米 →

羟砷锌石菱形柱晶体 ——

褐铁矿化的母岩 ——

◆ 羟砷锌石在紫外线下发出鲜艳的黄绿色荧光

　　羟砷锌石只在含闪锌矿或硫砷铁矿的矿床氧化带中产出。含铜的羟砷锌石带绿色，而含钴的羟砷锌石呈粉色。

> **名字的由来** 英文名来源于法国矿物学家亚当（G.J. Adam）的名字，他是最早发现这种矿物的人。

羟钒铜铅石

化学式：PbCu(VO₄)(OH)

晶系
斜方晶系

■产状 氧化带
■相对密度 —————— 5.9
■硬度 —————— 3 ～ 3.5

类别：钒酸盐矿物

解理：一组完全解理

光泽：油脂光泽、土状光泽

颜色 / 条痕色：草绿、黄 / 黄

产地：美国、英国、赞比亚、纳米比亚

● 羟钒铜铅石（日本栃木县万寿矿山产）

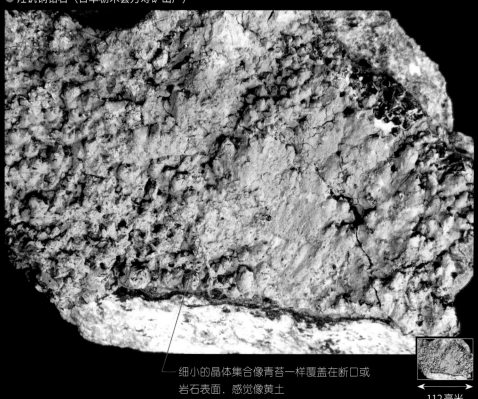

细小的晶体集合像青苔一样覆盖在断口或
岩石表面，感觉像黄土

112毫米

矿物图鉴

◆ 在含铜、铅和锌的矿床氧化带形成的羟钒铜铅石

　　羟钒铜铅石在周围无矿脉的凝灰岩
和砂岩中也可见。钒来自何种矿物，目
前还不明确，它也有可能来自生物。羟
钒铜铅石中的铜可以和锌相互置换。

名字的由来　英文名来源于其原产地的名字——英国的莫特拉姆圣安德鲁（Mottram St Andrew）。

钒铅矿

英文名：Vanadinite
化学式：$Pb_5(VO_4)_3Cl$

◗ 晶系
六方晶系

■产状 氧化带
■相对密度 ——▽—— 6.88
■硬度 ——▽—— 2.5 ～ 3

◗ 类别：钒酸盐矿物
◗ 解理：无
◗ 光泽：亚树脂光泽
◗ 颜色 / 条痕色：橙红、红、黄褐 / 淡黄
◗ 产地：美国、墨西哥、英国、摩洛哥、纳米比亚

● 钒铅矿（摩洛哥产）

钒铅矿

46毫米

▲ 钒铅矿脆弱、柔软，无法打磨成宝石，但钒铅矿晶体很美丽。

🔶 钒铅矿在铅矿床的氧化带中产出

　　钒铅矿与磷灰石的原子排列相似，会形成六方针状、柱状或板状晶体。钒铅矿在铅矿床的氧化带中产出，有时会与磷氯铅矿和砷铅石等形成环带结构。漂亮的钒铅矿晶体多产自美国的亚利桑那州、新墨西哥州以及摩洛哥。

 名字的由来　英文名来源于其化学成分。

东京石

英文名：Tokyoite
化学式：$Ba_2Mn^{3+}(VO_4)_2OH$

○ 晶系
单斜晶系

■产状 变质岩
■相对密度 —■— 4.62
■硬度 —■— 4.5 ～ 5

类别：钒酸盐矿物
解理：无
光泽：玻璃光泽
颜色 / 条痕色：红黑 / 暗红褐
产地：日本、意大利

● 东京石（日本鹿儿岛县大和矿山产）

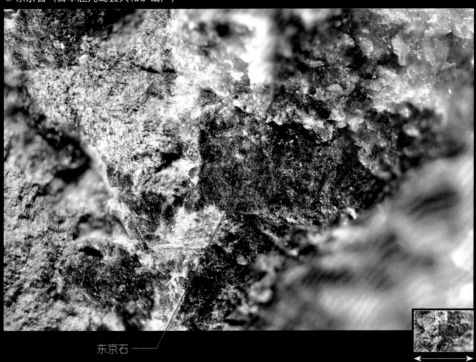

东京石 ——

约7.5毫米

◆ 东京石是一种与锰矿物伴生的红色小颗粒

　　东京石是在东京都奥多摩町白丸矿山的锰矿石中发现的一种新矿物。它相当于水钒钡石（Gamagarite）中的铁被锰置换形成的矿物。东京石散布在褐锰矿或与褐锰矿交叉的长石矿脉中，与多摩石（Tamaite）、辉叶石（Ganophyllite）等矿物一同产出。起初在白丸矿山发现的东京石标本颗粒较小，后来在鹿儿岛县的大和矿山发现了更大的标本颗粒，且轮廓更加清晰。

141

钨锰矿

英文名: Hübnerite
化学式: $Mn^{2+}(WO_4)$

晶系 单斜晶系	**类别**: 硼酸盐矿物
	解理: 一组完全解理
■**产状** 热液矿脉、矽卡岩	**光泽**: 金刚光泽、树脂光泽、半金属光泽
■**相对密度** ——————— 7.12 ～ 7.18	**颜色 / 条痕色**: 黄褐～棕褐 / 黄～褐
■**硬度** ——————— 4 ～ 4.5	**产地**: 秘鲁、中国、美国

● 钨锰矿（日本北海道国光矿山产）

石英

▲ 钨锰矿有垂直于板面的解理。

钨锰矿的晶体呈放射状聚集

37毫米

钨锰矿在强烈的光线下透出深红色

　　钨锰矿中的锰和铁可以任意比例混合，铁含量占比多时就会变成钨铁矿。较大的钨锰矿晶体第一眼看上去是乌黑色的，但透过强光看时，会呈现深红色。

　　随着含铁量的增加，钨锰矿会变得更黑、更不透明。钨锰矿与钨铁矿难以用肉眼区分，因此有时会把二者统称为钨铁锰矿（Wolframite）。它在与锰矿床伴生的石英脉中产出。

钨铁矿

英文名：Ferberite
化学式：$Fe^{2+}(WO_4)$

晶系
单斜晶系

■产状　热液矿脉、伟晶岩
■相对密度 —————— 7.58
■硬度 ————— 4 ～ 4.5

类别：钨酸盐矿物
解理：一组完全解理
光泽：金刚光泽～半金属光泽
颜色 / 条痕色：黑～黑褐 / 黑～黑褐
产地：中国、葡萄牙、玻利维亚

● 钨铁矿（日本山口县重德矿山产）

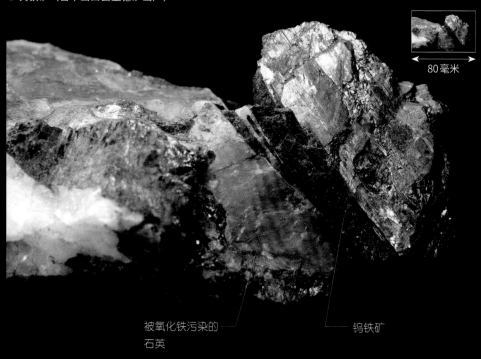

←————→
80毫米

矿物图鉴

被氧化铁污染的
石英

钨铁矿

🔶 钨的主要矿石之一

钨铁矿多呈短柱状或板状，垂直板
面方向有解理。钨铁矿偶尔会与锡石或
白钨矿一同在伟晶岩或高温热液矿脉中
产出。

日本山梨县的乙女矿山产出一种名为
方钨铁矿的矿物。它保持着白钨矿的晶体
轮廓，但内部被钨铁矿置换了。

● 钨铁矿（中国产）

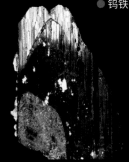

白钨矿

英文名：Scheelite
化学式：Ca(WO₄)

晶系 四方晶系	类别：钨酸盐矿物
	解理：四组中等解理
■产状 矽卡岩、伟晶岩	光泽：金刚光泽～玻璃光泽
■相对密度 ——————— 6.1	颜色/条痕色：无色～黄褐/白
■硬度 ———————— 4.5～5	产地：中国、俄罗斯、加拿大、玻利维亚

● 可见光下的白钨矿（日本山梨县乙女矿山产）

▲ 自形晶呈略显细长的八面体状。

白钨矿

120毫米

🔷 白钨矿在紫外线下发出蓝白色的荧光

　　白钨矿是钨的主要矿石之一，钨元素就是在该矿物中被发现的。白钨矿的英文名来源于瑞典化学家舍勒的姓氏（Scheele），他是第一个从这种矿物中成功分离出钨酸的人。白钨矿通常在紫外线下会发出蓝白色的荧光，但也有不发光或发黄光的情况。

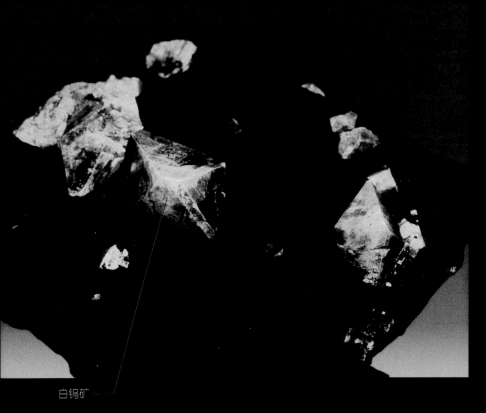

白钨矿 ——

小故事

白钨矿的荧光

众所周知，白钨矿在紫外线下会发出蓝白色的荧光。一般的紫外线灯都会标明波长：254 nm 规格的会产生短波长紫外线，365 nm 规格的会产生产长波长紫外线。

有些矿物无论是在长波长下还是短波长下都会发出相似的荧光。有些会对波长的强弱发生反应，而有些只对短波长有反应。白钨矿在短波长下会发出强烈的荧光，但在长波长下几乎没有任何变化。这就意味着在长波长的黑光下无法看到白钨矿的荧光。

钼铅矿

英文名：Wulfenite
化学式：PbMoO$_4$

晶系		类别：钼酸盐矿物

晶系
四方晶系

- ■产状 氧化带
- ■相对密度 ——————— 6.5 ～ 7.5
- ■硬度 ————— 2.5 ～ 3

类别：钼酸盐矿物

解理：四组中等解理

光泽：金刚光泽、亚金刚光泽、树脂光泽

颜色 / 条痕色：黄、黄褐、红褐 / 白

产地：美国、墨西哥、斯洛文尼亚、中国

● 钼铅矿（纳米比亚产）

钼铅矿

25毫米

🔶 易形成四方板状晶体的钼铅矿

　　钼铅矿是铅矿床的氧化带中产出的次生矿物。纯净的钼铅矿本应是无色的，但天然的钼铅矿大多呈黄色。如果钼铅矿中的部分钼被铬置换，颜色会变得偏红。

　　钼铅矿的晶体结构与白钨矿相同，但白钨矿一般呈八面体状，而钼铅矿则易形成四方板状晶体。

● 钼铅矿（墨西哥产）

钼铅矿

35毫米

▲ 四方板状或扁平的八面体晶体。

● 钼铅矿（日本兵库县柿之木矿山产）

● 钼铅矿（日本岐阜县洞户矿山产）

硅锌矿

英文名：Willemite
化学式：Zn_2SiO_4

晶系
三方晶系

■产状　变质岩、氧化带
■相对密度　——/———　3.89～4.19
■硬度　———/——　5.5

类别：单岛状硅酸盐矿物
解理：三组中等解理
光泽：玻璃光泽～树脂光泽
颜色／条痕色：无色、白、淡绿、淡褐、黄、黄褐／白
产地：美国、纳米比亚、葡萄牙、墨西哥

● 可见光下的硅锌矿（美国新泽西州产）

—— 几乎整体由硅锌矿组成

—— 黑色的部分是锌铁尖晶石

←——→ 85毫米

◆ 硅锌矿在紫外线下发出明亮的绿色荧光

　　硅锌矿是闪锌矿等矿物受风化作用或热液变质作用形成的次生矿物。硅锌矿的自形晶呈六方柱状，在紫外线下会发出非常明亮的绿色荧光。

　　硅锌矿通常与锌矿床相伴，但只有少量产出，无法形成矿产资源。美国的富兰克林矿山有大规模的块状硅锌矿矿床形成。在紫外线的照射下，我们能清楚地看到，硅锌矿自身的绿色荧光和与它共生的方解石的红色荧光交相辉映。

● 在紫外线下发荧光的硅锌矿（美国新泽西州产）

▲ 在紫外线下发出明亮的绿色荧光。

● 硅锌矿的晶体（日本群马县沼田市数坂岭产）

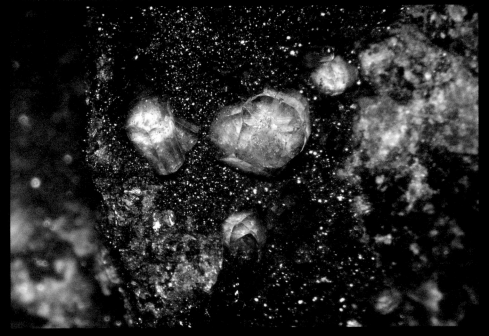

镁橄榄石

英文名：Forsterite
化学式：Mg₂(SiO₄)

英文名：Forsterite
化学式：$Mg_2(SiO_4)$

晶系	
斜方晶系	

- ■产状 岩浆岩、变质岩、矽卡岩
- ■相对密度 ————— 3.275
- ■硬度 ————— 7

类别：单岛状硅酸盐矿物
解理：一组中等解理
光泽：玻璃光泽
颜色 / 条痕色：绿～无色 / 白
产地：美国、巴基斯坦、墨西哥、埃及

● 镁橄榄石（美国亚利桑那州产）

← 30毫米 →

▲ 解理不清晰。

玄武岩 —— 镁橄榄石

💎 镁橄榄石的宝石名为橄榄石

　　镁橄榄石是最常见的造岩矿物之一，是上层地幔的主要构成矿物。几乎不含铁的镁橄榄石晶体是无色、透明的。基性岩中的镁橄榄石中不足一成的镁被铁置换后，多呈橄榄色，因此被称为橄榄石矿物。橄榄石是宝石名。

　　随着含铁量的增加，镁橄榄石的颜色会由深棕色变成几乎纯黑。

13毫米

橄榄石矿物除了镁橄榄石外，还有以铁为主要成分的铁橄榄石、以锰为主要成分的锰橄榄石，以及以镁和钙为主要成分的钙镁橄榄石等。

宝石级的猫眼石和变石作为金绿宝石被人们熟知，它们与橄榄石具有相同的晶体结构（同形结构）。金绿宝石经常形成环状双晶，但镁橄榄石的双晶很罕见。

铁铝榴石

英文名：Almandine
化学式：$Fe^{2+}_3Al_2(SiO_4)_3$

晶系
等轴晶系

■产状　火山岩、矽卡岩、变质岩
■相对密度 —————— 4.318
■硬度 ———————— 7 ～ 7.5

类别：	单岛状硅酸盐矿物
解理：	无
光泽：	玻璃光泽
颜色 / 条痕色：	红、橙、黑 / 白
产地：	澳大利亚、挪威、美国

● 铁铝榴石（日本茨城县山之尾产）

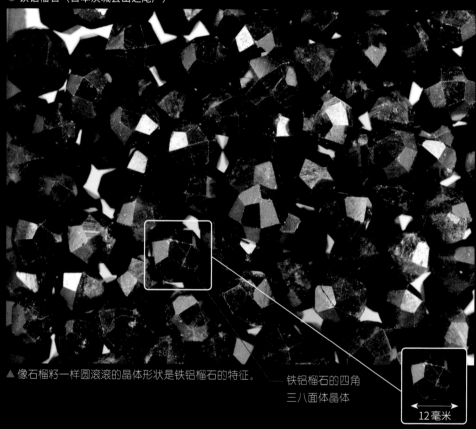

▲ 像石榴籽一样圆滚滚的晶体形状是铁铝榴石的特征。

铁铝榴石的四角
三八面体晶体

12毫米

◆ 铁铝榴石的主要成分是铁和铝

　　铁铝榴石作为硅酸盐矿物，其一般组成式为 $X_3Y_2(SiO_4)_3$。截至 2015 年，在狭义的石榴石类矿物中，已知的类型有 14 种。如果包含硅被其他元素置换形成的矿物，则高达 30 多种。铁铝榴石的主要成分是铁和铝，主要在花岗伟晶岩和区域变质岩中产出。

钙铝榴石

英文名：Grossular
化学式：$Ca_3Al_2(SiO_4)_3$

晶系	类别：单岛状硅酸盐矿物
等轴晶系	解理：无

■产状 矽卡岩、变质岩

■相对密度 ———————— 3.594

■硬度 ———————— 6.5～7

光泽：玻璃光泽

颜色／条痕色：棕、橙、红、黄、淡绿、白、无色／白

产地：肯尼亚、意大利、斯里兰卡、墨西哥

● 钙铝榴石（墨西哥产）

55毫米

钙铝榴石的菱形
十二面体

▲ 钙铝榴石的外观与符山石相似，可以根据形状和有无解理对二者
进行区分。

◆ 钙铝榴石的主要成分是钙和铝

　　钙铝榴石的主要成分是钙和铝，多在矽卡岩矿床中产出。纯净的钙铝榴石是无色、透明的，但这样的晶体相当罕见。含有少量铁，且呈黄色、棕色或绿色系

　　石榴石晶体能形成菱形十二面体、四角三八面体。因为化学成分不同，晶体的形状各有特点，其中，菱形十二面体状的钙铝榴石较常见。

锰铝榴石

学　名：Spessartine
化学式：$Mn^{2+}_3Al_2(SiO_4)_3$

晶系
等轴晶系

- ■产状　岩浆岩、伟晶岩、变质岩
- ■相对密度 ———— 4.12～4.32
- ■硬度 ———— 6.5～7.5

类别：单岛状硅酸盐矿物	
解理：无	
光泽：玻璃光泽	
颜色 / 条痕色：红、橙、黄、褐 / 白	
产地：坦桑尼亚、巴基斯坦、德国	

● 锰铝榴石（日本爱知县田口矿山产）

25毫米

▲ 锰矿床产出的自形晶可以通过外观进行区分。

锰铝榴石

◆ 美丽的红黑色晶体

　　锰铝榴石是以锰和铝为主要成分的石榴石。它除了常见于高度变质的锰矿床外，还在伟晶岩和流纹岩的空隙中可见。

　　在日本长野县和田岭的流纹岩的孔隙中，还产出了一种漂亮的红黑色晶体，是由锰铝榴石与铁铝榴石的中间成分组成的。铁含量较少的锰铝榴石呈淡黄色。

● 锰铝榴石（日本爱知县丰川市久田野产）

锰铝榴石

▲ 与同色系的其他石榴石的区别只能靠产状来类推。

石英

25毫米

● 锰铝榴石（中国产）

● 锰铝榴石（日本三重县大山田矿山产）

155

锆石

学　名：Zircon
化学式：Zr(SiO₄)

● 晶系
四方晶系

■产状　岩浆岩、伟晶岩、变质岩
■相对密度 —————— 4.4～4.8
■硬度 ————— 7～8

类别：单岛状硅酸盐矿物
解理：无
光泽：金刚光泽～玻璃光泽
颜色 / 条痕色：黄、橙、红、褐、绿 / 白
产地：巴基斯坦、澳大利亚、加拿大、俄罗斯

● 锆石（美国科罗拉多州产）

65毫米

扁平的八面体晶体或四方短柱状晶体

🔷 锆石可以用于年代测定

　　绝大多数岩浆岩和变质岩中都含有微量的锆石，花岗岩和正长岩中含量较多。它十分耐风化，在河沙或沉积岩中也能找到其身影。大的锆石晶体主要在伟晶岩中产出，拥有高折射率和高硬度，因此，透明的锆石晶体能够作为宝石。

　　有些锆石含有铀和钍，有些则含有稀土元素。富含稀土元素的锆石在日本又被称为苗木石或山口石。我们可以利用锆石中铀的放射性衰变来测定年代。

● 锆石（日本福岛县郡山市爱宕山产）

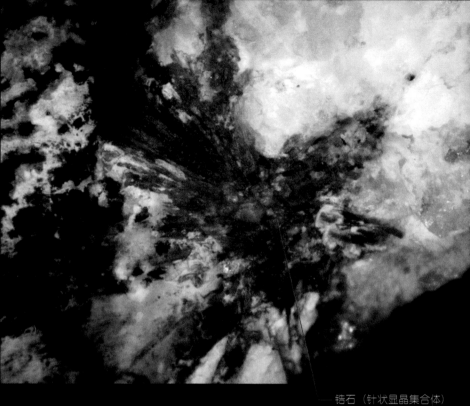

—— 锆石（针状显晶集合体）

小故事

美丽的锆石

　　锆石的颜色很多，有红色、橙色、黄色、绿色和蓝色等。人们为了让锆石看起来更加美丽，通常会进行热处理，使它变色。

　　透明的红褐色锆石又被称为"风信子"。作为一种宝石，古时在日本被称为"风信子石"。锆石总是含有不同量的钍和铀，并在辐射的作用下发生非晶质化（辐射变晶），这会影响锆石的硬度、密度、折射率等。辐射变晶少的锆石的这些属性的数值较高，被称为高型锆石；辐射变晶多的锆石的这些属性数值就低，被称为低型锆石。

矽线石

英文名：Sillimanite
化学式：Al$_2$SiO$_5$

晶系
斜方晶系

■产状　变质岩
■相对密度 ├———— 3.23～3.27
■硬度 ├———— 6.5～7.5

类别：链状硅酸盐矿物
解理：一组完全解理
光泽：玻璃光泽
颜色 / 条痕色：无色、白、黄、褐、绿、灰 / 白
产地：缅甸、斯里兰卡、美国

● 矽线石（南极洲产）

————— 淡绿色的矽线石晶体

▲ 与柱状晶体平行的解理是辨认矽线石的关键。

◄———► 90毫米

🔶 矽线石的晶体有时呈纤维状

　　矽线石与红柱石、蓝晶石都是同质多象的关系。它们的主要产状都是富含铝的泥质岩形成的变质岩。其中，矽线石在高温下具有稳定性，蓝晶石在高压下比矽线石更稳定，而红柱石则是在低温、低压下具有稳定性。矽线石有时会形成细纤维状晶体的集合体，可谓是"石如其名"。

红柱石

英文名：Andalusite

化学式：$Al_2(SiO_4)O$

晶系	
斜方晶系	

■产状　变质岩、伟晶岩
■相对密度 ————— 3.15～3.16
■硬度 ————— 6.5～7.5

类别：单岛状硅酸盐矿物

解理：两组中等解理

光泽：玻璃光泽

颜色 / 条痕色：粉、白、灰、黄、无色 / 白

产地：澳大利亚、美国、巴西

● 红柱石（日本福岛县石川町南山形产）

57毫米

▲ 与柱面平行的解理面。

红柱石

◆ 红柱石的断面为四方柱状晶体

　　红柱石作为暗红色的四方柱状晶体，多在角岩中产出。四方柱的对角线方向含有石墨等微小的内含物。能看到黑色十字形图案的红柱石，被称为空晶石。透明的红柱石晶体具有很强的多色性，根据观察视角的不同，会呈红色或绿色。

名字的由来　英文名来源于红柱石形成的红色柱状晶体。

159

蓝晶石

英文名：Kyanite
化学式：Al₂OSiO₄

晶系
三斜晶系

■产状　变质岩
■相对密度 ——————— 3.53～3.67
■硬度 ————————— 5.5～7

类别：单岛状硅酸盐矿物
解理：一组完全解理
光泽：玻璃光泽
颜色/条痕色：蓝、白、灰、黄、橙、粉/白
产地：巴西、瑞士、俄罗斯、澳大利亚

● 蓝晶石（巴西产）

135毫米

▲ 沿着平行于柱面的解理面裂成平板状。

└ 蓝晶石

◆ 蓝晶石的硬度因方位变化而大不相同

　　蓝晶石主要产自富含铝的高压变质岩和切割这些岩石的石英脉中。它的硬度随方位的变化而大不相同，它也被称为"二硬石"。

　　蓝晶石的长柱状晶体在平行方向上易被划伤。相反地，在垂直方向上抗划伤性强。

名字的由来

深蓝色是蓝晶石最典型的颜色，其英文名来源于希腊语"深蓝色"。

十字石

英文名：Staurolite
化学式：$Fe^{2+}_2Al_9Si_4O_{23}(OH)$

晶系
单斜晶系

■产状　变质岩
■相对密度 ⊢———— 3.74 ～ 3.83
■硬度 ⊢—⊣ 7 ～ 7.5

类别：单岛状硅酸盐矿物
解理：一组完全解理
光泽：玻璃光泽
颜色 / 条痕色：暗褐、红褐 / 白～灰
产地：俄罗斯、马达加斯加、瑞士、美国

● 十字石（俄罗斯产）

▲ 偏黑色的短柱状晶体常常形成双晶。

十字石的"X"字形双晶

75毫米

矿物图鉴

🔷 十字石是一种呈十字形的矿物

十字石主要在角闪岩相的泥质变质岩中产出。它经常形成双晶，有时呈十字架状，它的英文名就来源于意为"十字"的希腊语。

十字石的双晶可以分成两种类型：一种是由两个柱状晶体正交成十字形的类型，另一种是以"X"字形斜交的类型。"X"字形的十字石较常见，由双晶重叠而成，有时三个柱状晶相交的角都约为120度。

161

晶系
斜方晶系

类别：单岛状硅酸盐矿物

解理：一组完全解理

光泽：玻璃光泽

■产状 伟晶岩、热液矿脉、火山岩

颜色／条痕色：无色、淡褐、粉、淡蓝／白

■相对密度 ⊢━━━━━━━ 3.52～3.57

产地：巴基斯坦、美国、巴西、墨西哥

■硬度 ━━━━━━ 8

● 黄玉（日本岐阜县中津川市产）

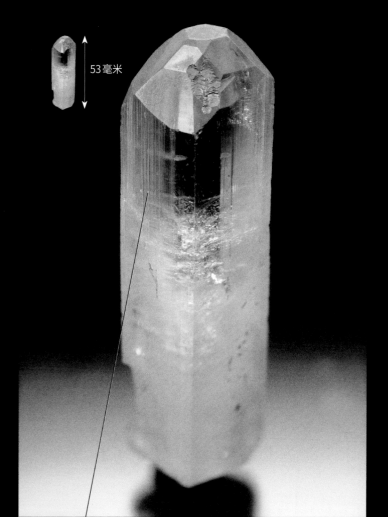

53毫米

35毫米

▲ 硬度比石英高。

黄玉

◆ 硬度高、相对密度大的黄玉

与花岗岩、流纹岩、云英岩等相比，黄玉通常在高温且富含挥发性成分的条件下产出。由于其硬度高、相对密度大，有时还会形成砂矿床。

黄玉与柱面垂直的方向有解理，其条纹突出且与柱面平行。根据这些特点，可以与形状不规则的水晶进行区分。黄玉通常是无色的或颜色很淡。在宝石市场中，那些颜色较深的蓝色黄玉是通过着色处理而成的。

● 黄玉（日本滋贺县大津市田上山产）

榍石

英文名：Titanite
化学式：CaTi(SiO₄)O

晶系	类别：单岛状硅酸盐矿物
单斜晶系	解理：两组完全解理

■产状 岩浆岩、伟晶岩、变质岩、矽卡岩

■相对密度 —————— 3.29 ～ 3.6

■硬度 ————— 5 ～ 5.5

光泽：玻璃光泽

颜色 / 条痕色：无色、褐、绿、黄、红、黑 / 白

产地：摩洛哥、葡萄牙、巴基斯坦、巴西

● 榍石（澳大利亚产）

14毫米

—— 宛如楔子般尖锐的形状是其特点

◆ 榍石对光的散射率非常高

　　榍石的晶体形状宛如楔子，又被称为楔石。榍石除了在花岗质到闪长质的深成岩和变质岩中作为其附属矿物广泛存在以外，还在伟晶岩和矽卡岩中产出。

　　榍石对光的散射率非常高，透明的晶体会被当作宝石。榍石也是具有很强的多色性的矿物。

丝鱼川石

英文名：Itoigawaite
化学式：$SrAl_2Si_2O_7(OH)_2 \cdot H_2O$

◻ 晶系
斜方晶系

■产状　变质岩
■相对密度 ⌐————— 3.37
■硬度 ————⌐— 5～5.5

类别：单岛状硅酸盐矿物
解理：两组中等解理
光泽：玻璃光泽
颜色 / 条痕色：蓝紫 / 白
产地：日本（新潟县、鸟取县）

● 丝鱼川石（日本新潟县丝鱼川市产）

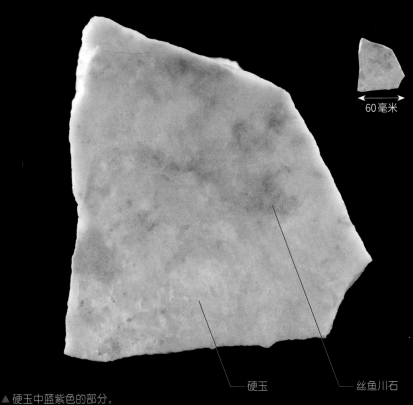

60毫米

硬玉

丝鱼川石

▲ 硬玉中蓝紫色的部分。

🔷 丝鱼川石是与翡翠一同被发现的蓝色新矿物

　　丝鱼川石是在日本新潟县丝鱼川市青海发现的新矿物。这种新矿物除了含有硬玉之外，还含有各种其他矿物。翡翠是一种以硬玉为主体的玉石。当地人虽然知道翡翠中存在蓝色的部分，但长期以来一直把它当作蓝色的翡翠对待。丝鱼川石可以理解为硬柱石中的钙被锶置换的产物。

异极矿

英文名：Hemimorphite
化学式：$Zn_4(Si_2O_7)(OH)_2 \cdot H_2O$

晶系
斜方晶系

■产状　氧化带
■相对密度 ┣━━━━━ 3.475
■硬度 ━━━━━ 4.5 ～ 5

类别：双岛状硅酸盐矿物
解理：两组完全解理
光泽：金刚光泽～玻璃光泽
颜色 / 条痕色：无色、白、淡蓝、淡绿、灰、褐 / 白
产地：墨西哥、中国、美国、伊朗

● 异极矿（日本静冈县河津矿山产）

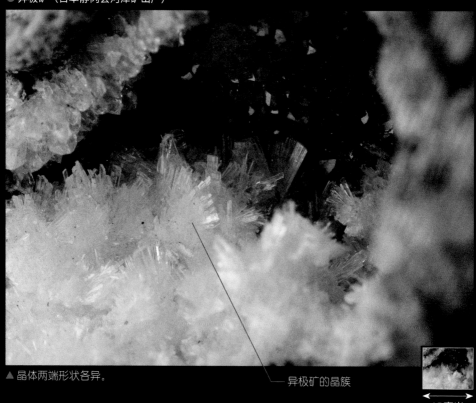

▲ 晶体两端形状各异。

异极矿的晶簇

15毫米

💎 异极矿的晶体两端形状各异

异极矿是产自锌矿床氧化区的次生矿物。细长的板状晶体两端形状明显不同，通常一端平滑，另一端尖锐。这种两端形状各异的对称性，被称为异极性，异极矿就是因此而得名。

异极矿偶尔会形成放射状球体或葡萄状集合体，有时含有杂质的异极矿会呈现美丽的浅蓝色。

● 异极矿（日本大分县木浦矿山产）

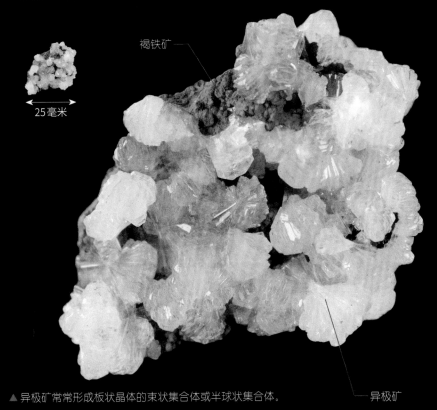

褐铁矿

25毫米

异极矿

▲异极矿常常形成板状晶体的束状集合体或半球状集合体。

● 异极矿（日本岐阜县神冈矿山产）

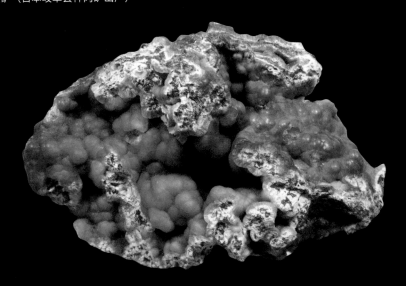

斧石

英文名：Axinite
化学式：$(Ca, Mn, Fe)_3 Al_2[Si_4O_{12}][BO_3](OH)$

○ 晶系
三斜晶系

■产状　变质岩、矽卡岩
■相对密度 ━━━━━ 3.3
■硬度 ━━━━ 6.5 ～ 7

类别：双岛状硅酸盐矿物

解理：一组中等解理

光泽：玻璃光泽

颜色 / 条痕色：褐、紫、灰蓝、黄、黑 / 白

产地：日本、俄罗斯、坦桑尼亚、美国

● 锰斧石（日本大分县尾平矿山产）

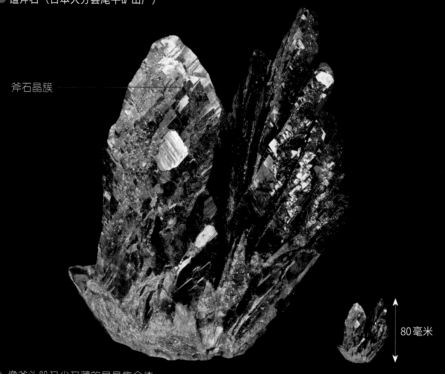

斧石晶簇

80毫米

▲ 像斧头般又尖又薄的显晶集合体。

◆ 斧石晶体形状宛如斧头

　　斧石根据成分不同，被分为铁斧石、镁斧石、锰斧石和廷斧石。铁斧石在矽卡岩、片麻岩和变质玄武岩中产出，锰斧石在矽卡岩和变质锰矿床中产出。廷斧石中锰的含量比锰斧石多，相当于斧石中超过一半的钙被锰置换了。

名字的由来　斧石因晶体形状宛如斧头而得名。

铈褐帘石

英文名：Allanite-(Ce)
化学式：$CaCe(Al_2 Fe^{2+})[Si_2O_7][SiO_4]O(OH)$

晶系
单斜晶系

■产状　岩浆岩、伟晶岩、变质岩、矽卡岩
■相对密度 ——————— 3.5 ～ 4.2
■硬度 ———————— 5.5 ～ 6

类别：双岛状硅酸盐矿物
解理：一组不完全解理
光泽：玻璃光泽～树脂光泽
颜色/条痕色：褐～黑/淡褐
产地：美国、加拿大、马达加斯加、日本

● 铈褐帘石（日本茨城县高荻市下大能产）

80毫米

▲ 铈褐帘石中钍和铀的辐射常常会导致周围的长石分
　解，变成红褐色。

分解后的长石　　　铈褐帘石

◆ 含有稀土元素的绿帘石族矿物

　　铈褐帘石除了作为岩浆岩中的次生
矿物广泛产出外，伟晶岩和矽卡岩中也发
现了其大型晶体。根据铈褐帘石中含量最

多的稀土元素，还能对其进一步细分。有
的铈褐帘石含钍和铀，其辐射可能会导致
蜕晶（晶体结构被破坏，导致非晶化）。

绿帘石

英文名：Epidote

化学式：$Ca_2(Al_2Fe^{3+})[Si_2O_7][SiO_4]O(OH)$

◎晶系
单斜晶系

■产状 变质岩、矽卡岩、热液矿脉、伟晶岩

■相对密度 ⊢━━━━ 3.38～3.49

■硬度 ━━✓━ 6

◦类别：双岛状硅酸盐矿物

◦解理：一组完全解理

◦光泽：玻璃光泽

◦颜色/条痕色：黄绿、绿、绿褐/白

◦产地：美国、加拿大、巴基斯坦、日本

● 绿帘石（日本长野县上田市武石产）

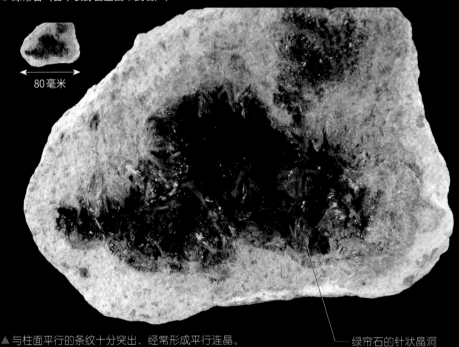

80毫米

▲ 与柱面平行的条纹十分突出，经常形成平行连晶。

绿帘石的针状晶洞

◆ 由于铁元素而呈现绿色的绿帘石

绿帘石中较突出的深色条纹与柱状晶体平行，宛如竹帘，因此而得名。它除了多产于矽卡岩和区域变质岩，还在伟晶岩、火山岩和凝灰岩中可见。

在日本长野县上田市，经历了热液蚀变的安山岩含有球形颗粒状的绿帘石，当地俗称烧饼石。烧饼石的中心偶见空隙，可见其自形晶。

红帘石

英文名：Piemontite
化学式：$Ca_2(Al_2Mn^{3+})[Si_2O_7][SiO_4]O(OH)$

◎晶系
单斜晶系

■产状 变质岩
■相对密度 ———————— 3.46～3.54
■硬度 ———————— 6～6.5

类别：双岛状硅酸盐矿物

解理：一组完全解理

光泽：玻璃光泽

颜色／条痕色：红、红褐、红黑／淡红

产地：美国、意大利、瑞士、日本

● 红帘石（日本高知县长冈郡本山町瓜生野桑之川产）

石英／白云母

红帘石

76毫米

◆ 由于锰元素而呈现红色的红帘石

红帘石拥有绿帘石中铁被锰置换的成分，它在结晶片岩和变质锰矿床中与石英一同产出。肉眼可见的红帘石晶体十分罕见。因含锰元素而呈现红色是识别红帘石的关键。肉眼看上去是红帘石的矿物，由于含锰量较低，事实上大多数都是含锰的绿帘石。

黝帘石

英文名：Zoisite

化学式：$Ca_2Al_3[Si_2O_7][SiO_4]O(OH)$

⊃ 晶系
斜方晶系

■产状　变质岩
■相对密度 ——7———— 3.15～3.36
■硬度 ————7——— 6～7

⊃ 类别：双岛状硅酸盐矿物
⊃ 解理：一组完全解理
⊃ 光泽：玻璃光泽
⊃ 颜色 / 条痕色：无色、蓝紫、灰、黄褐、粉、绿 / 白
⊃ 产地：坦桑尼亚、巴基斯坦、印度

● 黝帘石（智利产）

60毫米

▲ 黝帘石与长石相似，但解理的角度不同。

—— 黝帘石

坦桑石

产地：坦桑尼亚、挪威

◆ 坦桑石晶体的颜色会根据视角的不同而变化

坦桑石在区域变质岩中广泛产出，根据所含微量元素不同，呈现不同的颜色。特别是坦桑尼亚产的含钒的蓝紫色晶体，十分美丽，被称为坦桑石，是一种十分珍贵的宝石。

另外，还有一种被称为"红绿宝"的变质岩，它是由含铬的绿色黝帘石、红宝石和角闪石构成的。晶体的颜色会根据观察者视角的不同而发生变化，具有很强的多色性。

● 黝帘石与红宝石（坦桑尼亚产）

● 坦桑石（坦桑尼亚产）

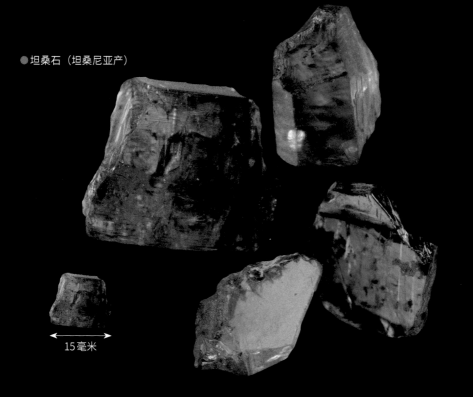

← 15毫米 →

矿物图鉴

173

符山石

英文名：Vesuvianite
化学式：$(Ca,Na)_{19}(Al,Mg,Fe)_{13}(SiO_4)_{10}(Si_2O_7)_4(OH,F,O)_{10}$

晶系
四方晶系

■产状　矽卡岩
■相对密度 —————— 3.33～3.45
■硬度 —————— 6.5

类别：双岛状硅酸盐矿物

解理：两组不完全解理

光泽：玻璃光泽

颜色 / 条痕色：棕褐、黑褐、黄、绿、白、红、粉、紫、蓝紫 / 白

产地：意大利、加拿大、墨西哥、巴基斯坦

● 符山石（日本长野县甲武信矿山产）

▲ 符山石的断口类似于石榴石。　　 块状的符山石　　　 符山石的柱状晶体

86毫米

◆ 最早在维苏威火山发现的符山石

符山石因最早在意大利的维苏威火山被发现，又称维苏威石。它常见于矽卡岩中，通常与钙铝榴石共生。

符山石能形成锥面的方形短柱状晶体或几乎没有柱面的方形双锥状晶体。晶体轮廓不明显的符山石，质感类似于石榴石。符山石含有锰和铜，有时呈鲜红色或蓝色。

丰石

英文名：Bunnoite

化学式：$Mn^{2+}_6AlSi_6O_{18}(OH)_3$

■ 晶系
三斜晶系

■产状　变质岩
■相对密度 —— 3.6
■硬度 —— 5.5

类别：硅酸盐矿物

解理：一组完全解理

光泽：玻璃光泽

颜色 / 条痕色：深绿～黄绿 / 深绿

产地：日本

● 丰石（日本高知县加茂山产）

约18毫米

矿物图鉴

◆ 颜色的差异是发现丰石的契机

丰石产自日本高知县吾川郡伊野町的锰矿床。起初它被认为是羟硅铝锰石（Akatoreite），但随着研究逐渐推进，研究者发现这是一种新矿物。丰石在由石英和赤铁矿构成的黑色矿石中呈脉状产出。与红棕色系的硅铝锰矿相比，丰石的颜色看起来偏黑，但仔细一看会发现，其比解理还要薄的裂开部分呈黄绿色，这也是它的一个特点。

> **名字的由来**
> 丰石是的汉字名来源于丰遥秋博士的名字。他是日本产业技术综合研究所地质标本馆的前馆长，长期从事矿物研究。

175

翠铜矿

英文名：Dioptase
化学式：$CuSiO_3 \cdot H_2O$

晶系 **三方晶系**	类别：环状硅酸盐矿物
	解理：三组完全解理
■产状　氧化带	光泽：玻璃光泽
■相对密度 —————— 3.28～3.35	颜色／条痕色：绿／绿
■硬度 —————— 5	产地：哈萨克斯坦、俄罗斯、纳米比亚

● 翠铜矿（俄罗斯产）

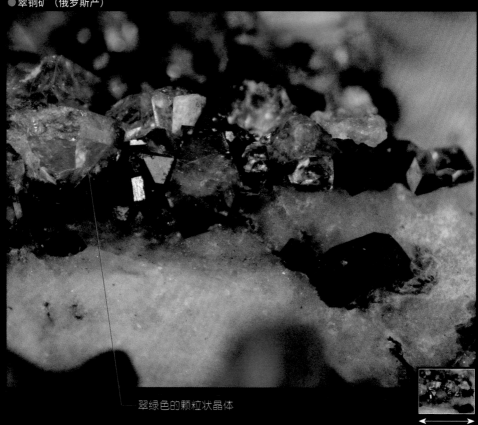

—— 翠绿色的颗粒状晶体

◀————▶
18毫米

◆ 翠铜矿拥有独特的深翠绿色

　　翠铜矿作为一种较罕见的铜的次生矿物，呈深翠绿色是其特征。该矿物于18世纪在哈萨克斯坦首次被发现，由于其独特的颜色，一度被误认为是绿宝石，但因为它的硬度只有5，所以这个误会很快就被解开了。

　　翠铜矿与方解石、石英和孔雀石共生。纳米比亚的楚梅布矿山产出大量美丽的翠铜矿晶体，这些晶体在标本市场上流通。

绿柱石

英文名：Beryl
化学式：$Be_3Al_2Si_6O_{18}$

● 晶系
六方晶系

■产状 伟晶岩、变质岩、火山岩
■相对密度 ———————— 2.6～2.9
■硬度 ———————— 7.5～8

类别：环状硅酸盐矿物

解理：无

光泽：玻璃光泽

颜色／条痕色：绿、蓝、黄、粉、无色／白

产地：哥伦比亚、巴西、阿富汗、马达加斯加

● 绿柱石（日本岐阜县福冈矿山产）

35毫米

矿物图鉴

无解理的六方柱状晶体

◆ 绿柱石是铍的主要矿石

绿柱石是铍的主要矿石，主要在伟晶岩和晶质片岩中产出。绿柱石因为通常呈浅绿色的六方柱状而得名，但也有呈红色或黄色的绿柱石，以及呈板状的绿柱石。

在日本，绿柱石经常在福岛县石川町、岐阜县中津川市和佐贺县杉山市产出。相关人员还发现了透明度高到可以称为海蓝宝石的绿柱石晶体。

● 绿柱石（美国犹他州产）

流纹岩

粉色的绿柱石

10毫米

祖母绿 / 海蓝宝石

英文名：Emerald/Aquamarine

■产状 热液矿脉、伟晶岩、变质岩

产地：哥伦比亚、巴西、阿富汗、马达加斯加

● 祖母绿（哥伦比亚产）

作为母岩的泥质岩

190毫米

方解石　　　祖母绿

179

祖母绿和海蓝宝石

在宝石级别的绿柱石中，深绿色的被称为祖母绿，浅蓝色的被称为海蓝宝石。祖母绿之所以显色是因为含有微量的铬和钒，海蓝宝石则是因为含有微量的铁。

祖母绿主要在黑云母片岩中产出，但透明度较低的晶体居多，因此高品质的祖母绿非常昂贵。海蓝宝石主要在伟晶岩的晶洞中产出，透明度高的晶体产出量较大。

● 海蓝宝石（纳米比亚产）

30毫米

海蓝宝石

电气石

▲ 柱状晶体的端面通常比较平整，尖锐的晶体端面较罕见。

小故事

海蓝宝石的颜色

海蓝宝石只有在晶体中的铁为二价时，才会呈蓝绿色。当二价和三价铁组合，蓝色将更加突出。相比绿色，蓝色的海蓝宝石更加受欢迎。此外，当它只有三价铁时，则会呈黄绿色，人们称为金绿柱石。

堇青石

英文名：Cordierite
化学式：$Mg_2Al_4Si_5O_{18}$

■晶系
斜方晶系

■产状 变质岩
■相对密度 —————— 2.53 ～ 2.78
■硬度 —————— 7 ～ 7.5

类别：环状硅酸盐矿物
解理：三组不完全解理
光泽：玻璃光泽
颜色 / 条痕色：灰、蓝紫、黄、棕 / 白
产地：印度、斯里兰卡、缅甸、马达加斯加

● 堇青石（日本宫城县柴田郡川崎町安达产）

—— 四方柱状或因双晶而形成的六方柱状晶体

← 14毫米 →

◆ 堇青石是多色性强的矿物代表

　　堇青石常见于角岩或泥质岩变质的片麻岩中。柱状晶体在端面方向呈深紫色或蓝色，在柱面方向则呈淡蓝色、灰色或淡黄色。

　　透明的堇青石晶体被称为爱莱特（Iolite），是一种宝石。还有一种名为六方堇青石（Indialite）的矿物，它和堇青石具有相同的成分，但它在高温下更加稳定。虽然二者晶体的对称性不同，但堇青石的六方柱状晶体也是因双晶而形成的，而且二者形成的六方柱状晶体相似，因此无法用肉眼进行区分。

铁电气石

英文名：Schorl

化学式：$NaFe^{2+}_3Al_6(Si_6O_{18})(BO_3)_3(OH)_3(OH)$

晶系
三方晶系

类别：环状硅酸盐矿物

■产状 伟晶岩、变质岩、矽卡岩

解理：无

■相对密度 ————————3.2

光泽：玻璃光泽

■硬度 ————————7

颜色／条痕色：绿、粉、黑／蓝白、淡褐

产地：巴西、纳米比亚、巴基斯坦

● 铁电气石（日本福岛县石川町产）

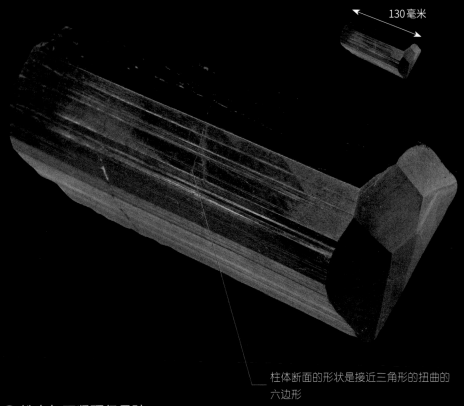

130毫米

柱体断面的形状是接近三角形的扭曲的
六边形

◆ 铁电气石坚硬但易碎

　　电气石是由 38 种矿物组成的超族，其中最常见的种类是铁电气石。它在伟晶岩、变质岩和矽卡岩中产出。铁电气石坚硬但易碎，外观为漆黑的柱状。

　　铁电气石的名称来自其性质，它的晶体两端带静电，是由于温度变化引起热膨胀，或机械形变导致的。当电气石被壁炉中的火焰加热、冷却，只有晶体的一端会带静电，能够吸灰。

锂电气石

晶系
三方晶系

■产状 伟晶岩
■相对密度 ———— 2.9 ~ 3.1
■硬度 ———— 7.5

英文名：Elbaite
化学式：$Na(Al_{1.5}Li_{1.5})Al_6(Si_6O_{18})(BO_3)_3(OH)_3(OH)$

类别：环状硅酸盐矿物

解理：无

光泽：玻璃光泽

颜色／条痕色：绿、粉、蓝、橙、黄、无色／白

产地：巴西、俄罗斯、马达加斯加、纳米比亚

● 锂电气石（日本岩手县崎滨产）

36毫米

与柱面平行的条纹

西瓜电气石

产地：巴西、美国、马达加斯加、纳米比亚

拥有不同颜色组合的西瓜电气石十分珍贵

锂电气石微量元素的含量偶尔会随晶体的生长一同发生改变，比如柱状晶体的两端、中心或外侧的颜色发生变化。中心为粉红色、外侧为绿色的晶体因为其颜色组合与西瓜相似，被称为西瓜电气石。

西瓜电气石是含锂的电气石，在锂的伟晶岩中产出。含锰的西瓜电气石呈红色，含铁的呈蓝色；含铁和钛或锰和钛的则呈绿色或黄色等。西瓜电气石拥有不同的颜色组合，十分珍贵。

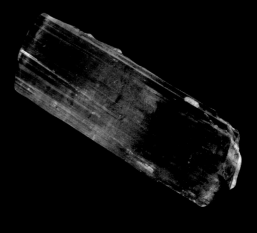

● 锂电气石（巴基斯坦产）

钠长石等

● 西瓜电气石（纳米比亚产）

76毫米

晶体中心和外侧的颜色不同

大隅石

英文名：Osumilite
化学式：$KFe_2(Al_5Si_{10})O_{30}$

晶系
六方晶系

■产状 火山岩
■相对密度 —————— 2.6 ～ 2.7
■硬度 —————— 7

类别：	环状硅酸盐矿物
解理：	无
光泽：	玻璃光泽
颜色 / 条痕色：	深蓝～黑 / 白～淡蓝白
产地：	日本、德国、意大利

● 大隅石（日本鹿儿岛县雾岛市隼人产）

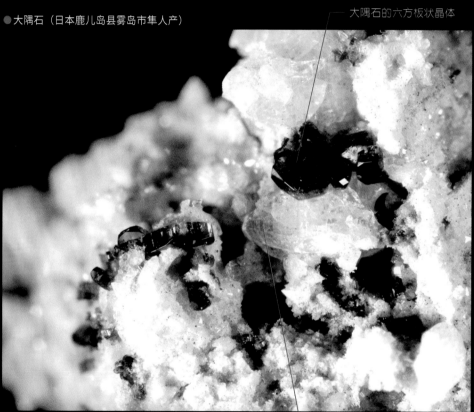

大隅石的六方板状晶体

▲ 由于晶体的多色性，从柱面方向看到的颜色比较淡。

鳞石英

1毫米

🔹 与堇青石外观相似的大隅石

　　大隅石是在日本鹿儿岛县垂水市咲花平发现的新矿物。它在流纹岩的空隙中以六方厚板状或短柱状的自形晶产出。大隅石在外观上与堇青石相似，具有强多色性。大隅石中铁与镁的比例可以任意变化，镁占比较多的大隅石被称为镁大隅石。

钠锂大隅石（杉石）

英文名：Sugilite
化学式：$KNa_2Fe^{3+}{}_2(Li_3Si_{12})O_3$

晶系
六方晶系

产状 深成岩、变质岩
相对密度 —————— 2.7～2.8
硬度 —————— 5.5～6.5

类别：环状硅酸盐矿物
解理：一组不完全解理
光泽：玻璃光泽
颜色／条痕色：黄褐、红、紫／白
产地：日本、南非、意大利

钠锂大隅石（日本爱媛县越智郡上岛町产）————— 白色的部分为斜长石

宗绿色的钠锂大隅石 —————
————— 黑色的部分为霓石

25毫米

◆ 含锰的钠锂大隅石呈亮紫色

钠锂大隅石又称杉石，是在日本爱媛县岩城岛的闪长岩中发现的一种新矿物，由岩石研究者杉健一于 1942 年采集。"杉石"这个名字便源于他的名字。后来，他的学生村上允英博士对其进行分析。杉石与大隅石一样，属于铍钙大隅石族。

●钠锂大隅石（南非产）

钠锂大隅石（解理
不明显的致密块状）

55毫米

小故事

美丽的钠锂大隅石

原产地的钠锂大隅
石标本是黄褐色的，但产
自南非的钠锂大隅石晶体
含锰，因此呈亮紫色，常
用作装饰石。

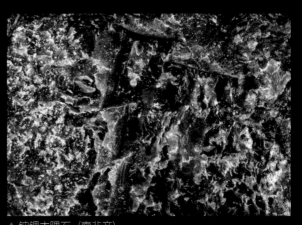

▲ 钠锂大隅石（南非产）

187

普通辉石

英文名：Augite
化学式：(Ca, Mg, Fe)$_2$Si$_2$O$_6$

○ 晶系
单斜晶系

■产状 岩浆岩、变质岩
■相对密度 ━━━━━━ 3.23 ～ 3.52
■硬度 ━━━━━━ 5.5 ～ 6

类别：链状硅酸盐矿物
解理：两组完全解理
光泽：玻璃光泽
颜色 / 条痕色：绿褐、黑、暗褐 / 灰绿～褐
产地：世界各地

● 普通辉石（日本新潟县柏崎市市野新田产）

8毫米

▲ 两组解理几乎正交。

普通辉石

◆ 普通辉石在火山岩、深成岩以及变质岩中产出

辉石作为造岩矿物，是一种重要的矿物超族。其中一类辉石是最常产出的，被称为普通辉石。普通辉石在各种火山岩、深成岩和变质岩中产出。虽然它的外观与角闪石相似，但可以通过两组解理相交的角度来区分二者——普通辉石解理的交角约为 90 度，角闪石的约为 120 度。

硬玉

英文名：Jadeite
化学式：NaAlSi$_2$O$_6$

● 晶系
单斜晶系

■产状 变质岩
■相对密度 ———— 3.24 ～ 3.43
■硬度 ———— 6.5

类别：链状硅酸盐矿物
解理：两组完全解理
光泽：玻璃光泽
颜色 / 条痕色：白、绿、蓝 / 白
产地：缅甸、美国、日本

● 硬玉（日本新潟县丝鱼川市产）

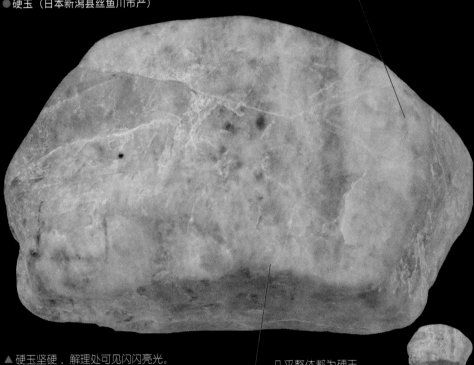

绿色部分含铁

▲ 硬玉坚硬，解理处可见闪闪亮光。

几乎整体都为硬玉

90毫米

矿物图鉴

🔷 细微针状晶体的集合体

翡翠是以硬玉的细小针状晶体为主体形成的致密块状集合体。纯净的硬玉是无色的，但部分铝被铁或铬置换，就会呈绿色。

随着铬含量的增加，硬玉的颜色会逐渐从鲜绿色变成接近黑色。当铬的含量多于铝时，会成变成另一种名为钠铬辉石的矿物。

钠长石经高压分解，会形成石英和硬玉。从硬玉的产状来看，它通常是不会和石英共生的。此外，硬玉也可以在低压环境下形成。

硅灰石

英文名：Wollastonite
化学式：$CaSiO_3$

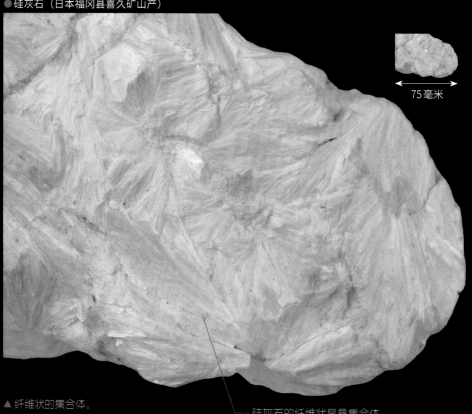

● 晶系
三斜晶系

■产状 矽卡岩
■相对密度 ——————— 2.75～3.1
■硬度 ——————— 4.5～5

类别：链状硅酸盐矿物
解理：两组完全解理
光泽：玻璃光泽
颜色/条痕色：白、无、灰、淡褐、粉/白
产地：阿富汗、巴西、美国

● 硅灰石（日本福冈县喜久矿山产）

75毫米

▲ 纤维状的集合体。

硅灰石的纤维状显晶集合体

◆ 硅灰石是一种在矽卡岩中很常见的矿物

　　硅灰石作为白色纤维状或板状的显晶集合体，与方解石和钙铝榴石共生。硅灰石的晶体结构为硅氧四面体，呈链状按同一方向排列。

　　硅灰石的这种结构与辉石相似，但链的周期与辉石不同，具有类似链状结构的矿物也会被称为准辉石。即便是相同的硅灰石，也存在许多种链周期不同的结构（同质多象）。

寻找翡翠

在日本，能成为宝石的矿物有刚玉、绿柱石、黄玉、石榴石、锂电气石和蛋白石等，但能达到宝石级的种类几乎不存在，或者说十分罕见。

●表面呈红色、内部呈绿色的翡翠

翡翠并非矿物，而是岩石，它被当作宝石来使用。翡翠的汉字名来源于中国。中国清朝时，翡翠从缅甸传入中国，它的表面附着一层因热带气候而形成的红土，使得其表层被浸染成红色，但它的内部是绿色的。翡翠是由细小的硬玉晶体颗粒集聚而成的。

当然，除了硬玉以外，翡翠还含有其他矿物颗粒。因此，这也使得晶粒边界渗入了其他物质。埋在红土中的硬玉，由于长期被铁的氢氧化物和氧化物渗入，导致表面被染成红色。

纯净的硬玉本应是无色的（当颗粒较细时，会因为不规则反射而呈白色）。之所以硬玉本身具有颜色，是因为主要成分铝被铁、钛、铬、锰等元素置换了。

翡翠因为含有铁和铬而呈现绿色，这也是其代表色。除此之外，我们还需要区分矿物自身的颜色和渗入颗粒中的物质的颜色。

换句话说，翡翠是因为渗入物而染上绿色，并非硬玉变成了绿色。另外，还存在翡翠中的微粒矿物使翡翠整体的颜色发生改变的情况，比如黑色翡翠就是受到颗粒间石墨的影响而形成的。

●被遗忘的翡翠岩块

翡翠是一种变质岩，但其源岩并不为人所知。它像是包裹在与变质带相伴的蛇纹岩中一般，作为岩块产出。蛇纹石易风化、易碎裂，通常可以在山坡和河床上发现被遗忘的翡翠岩块。

时间一长，这些岩块被洪水冲到下游，最终冲入大海，被海浪冲刷而变小。因此，日本产的翡翠几乎没有带红色表皮的。

●摒弃"翡翠是绿色的"这种刻板印象

在日本新潟县丝鱼川市的小泷川和青海川流域，有被列为自然保护区的翡翠区。该区域的翡翠不允许随意采集。

特别是从姬川河口向西到富山县的朝日海岸，从海滩到离岸不远的卵石滩都可以捡到翡翠。翡翠的相对密度比普通石头大，通常会沉在其他石头下面，只露出一小部分，而寻找翡翠的窍门就是留意那些只露出一小部分的石头。

此外，我们还要摒弃"翡翠就是绿色的"这种刻板印象，去寻找白色、淡蓝色、淡紫色和黑色的翡翠。还有一些翡翠虽然整体是白色的，但其中一部分呈绿色。用手掂量翡翠，会发现它比其他石头更沉，这是翡翠的另一个特点。

●亲不知海岸的翡翠块

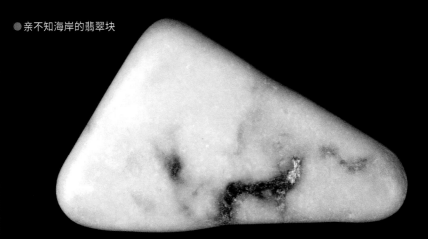

小故事

具有欺骗性的石头

在河岸和海滩上寻找翡翠时，很容易捡到与翡翠相似的石头，例如石英、玛瑙、玉化的大理岩和白垩（岩石）。它们也呈白色、灰色、黄色、浅绿色、黄褐色和黑褐色等颜色，且都很坚硬，容易和翡翠混淆。几乎不含杂质的钠长石也与白色的翡翠非常相似，很难用肉眼辨别。此外，人们有时还会捡到一种以菱镁矿等碳酸盐矿物为主，且部分呈亮绿色（含铬白云母）的石头。这种石头俗称"狐狸石"，许多人被它骗过。

锂辉石

英文名：Spodumene

化学式：$LiAlSi_2O_6$

晶系
单斜晶系

类别：	链状硅酸盐矿物
解理：	两组完全解理
光泽：	玻璃光泽
颜色 / 条痕色：	粉、无色、白、灰、淡蓝、淡绿、黄 / 白
产地：	阿富汗、巴西、美国

■产状 伟晶岩
■相对密度 —————— 3.03 ～ 3.23
■硬度 —————— 6.5 ～ 7

● 锂辉石（日本茨城县常陆太田市妙见山产）

80毫米

有时锂辉石的一部分
会分解形成黏土质

锂辉石

◆ 锂辉石是锂的重要矿物

　　锂辉石是一种含锂伟晶岩产出的辉石，其透明的晶体可以制作成宝石。其晶体根据颜色的不同，有不同的名称。例如，粉红色的晶体被称为紫锂辉石，黄色的晶体被称为黄碧玺，绿色的晶体被称为翠绿锂辉石。

　　宝石级别的锂辉石晶体，在阿富汗和巴西的伟晶岩晶洞中，与钠长石和水晶一同产出。锂辉石是锂的重要矿物。

矿物图鉴

193

紫锂辉石 / 翠绿锂辉石

英文名：Kunzite/Hiddenite

产地：阿富汗、巴西、美国

● 紫锂辉石（美国加利福尼亚州产）

43毫米

紫锂辉石与其他辉石族矿物一样，解理夹角接近 90 度

● 锂辉石（阿富汗产）

▲ 该矿石虽然带绿色，但并非真正含微量铬元素的翠绿锂辉石。

硅钒锶石（原田石）

英文名：Haradaite
化学式：$SrV^{4+}Si_2O_7$

○ 晶系
斜方晶系

■产状 变质岩
■相对密度 ——▽—— 3.8
■硬度 ———▽— 4.5

类别：链状硅酸盐矿物

解理：一组完全解理

光泽：玻璃光泽

颜色 / 条痕色：绿 / 淡绿

产地：日本、意大利

● 硅钒锶石（日本鹿儿岛县大和矿山产）

30毫米

比绿锰矿更鲜艳的绿色和完全解理是其特征 ——

蔷薇辉石 —

◆ 亮绿色的新矿物

硅钒锶石是一种亮绿色的新矿物，它产自日本岩手县野田玉川矿山和鹿儿岛县奄美大岛大和矿山。硅钒锶石以板状显晶集合体在蔷薇辉石或切割蔷薇辉石的石英脉中产出。硅钒锶石中的锶被钡置换，就会形成铃木石。铃木石是在日本岩手县和群马县发现的一种新矿物。

硅锰钠锂石（南部石）

英文名：Nambulite
化学式：$LiMn^{2+}_4Si_5O_{14}(OH)$

晶系
三斜晶系

■产状 变质岩
■相对密度 —————— 3.53
■硬度 ————— 6.5

类别：	链状硅酸盐矿物
解理：	两组完全解理
光泽：	玻璃光泽
颜色/条痕色：	橙、红褐/淡黄
产地：	日本、纳米比亚

蔷薇辉石

特有的橙色和完全解理
是硅锰钠锂石的特点

●硅锰钠锂石（日本福岛县御斋所矿山产）

←——→ 50毫米

褐锰矿

🔶 橙色的新矿物

　　硅锰钠锂石是在日本岩手县的舟子泽矿山发现的新矿物。它是一种含锂、钠和锰的硅酸盐矿物，与蔷薇辉石、菱锰矿和褐锰矿共生。橙色调和解理是辨别硅锰钠锂石的关键。在岩手县的田野畑矿山中，还发现了一种与锂相比，钠更占主导地位的硅锰钠锂石，被命名为苏打南部石。

蔷薇辉石

英文名：Rhodonite
化学式：$CaMn_3Mn(Si_5O_{15})$

晶系
三斜晶系

■产状 变质岩
■相对密度 —— 3.4 ～ 3.75
■硬度 —— 5.5 ～ 6.5

类别：链状硅酸盐矿物
解理：两组完全解理
光泽：玻璃光泽
颜色 / 条痕色：粉、红、红紫 / 白
产地：巴西、秘鲁、澳大利亚、美国

● 蔷薇辉石（日本爱知县田口矿山产）

石英

88毫米

蔷薇辉石

矿物图鉴

◆ 产自锰矿床的粉红色矿物

　　蔷薇辉石既是族名，也是品种名。根据最新的定义，蔷薇辉石族由锰蔷薇辉石（Vittinkiite）、蔷薇辉石（Rhodonite）和铁蔷薇辉石（Ferrorhodonite）三种矿物组成。这三种蔷薇辉石无法用肉眼区分。此外，一个标本中也可能包含两到三种不同类型的蔷薇辉石，并且这三种类型在日本都有很多产地。

蔷薇辉石的密集块状物很常见，自形晶很罕见。锰蔷薇辉石与三斜锰辉石（Pyroxmangite）的化学成分相同，其外观也几乎一致。三斜锰辉石能与三斜铁辉石（Pyroxferroite）形成固溶体。另外，它有时含有少量的镁。

钙蔷薇辉石与蔷薇辉石的化学成分相近，也属于硅灰石族。钙蔷薇辉石的理想化学式为 $Ca_3(Mn, Ca)_3(Si_3O_9)_2$，括号内为锰和钙的含量范围。然而，锰含量特别高的 $Mn_5Ca(Si_3O_9)_2$ 是门地石（Mendigite），而钙含量特别高的 $Ca_5Mn(Si_3O_9)_2$ 是达涅戈尔斯克石（Dalnegorskite），二者都是其他矿物品种的名称。

●蔷薇辉石（日本栃木县鹿沼市横根山矿山产）

▲ 它与菱锰矿的色调相似，但硬度更高。

39毫米

● 铁蔷薇辉石（日本栃木县铜藏矿山产）

▲ 粉色的部分大都是铁蔷薇辉石和蔷薇辉石的混合物。右下角
呈纤维状的淡灰绿色的矿物是单斜晶系的铁闪石。

约30毫米

小故事

难以用肉眼辨别的矿物

有一种矿物看起来和蔷薇辉石一模
一样，即便是专家或相当有经验的收藏
家也很难用肉眼辨别，它就是三斜锰辉
石。其化学成分几乎与蔷薇辉石相同，只
在晶体结构上有细微差别（由 SiO_4 构成
的链状结构的重复周期在蔷薇辉石中为
Si_5O_{15}，而在三斜锰辉石中为 Si_7O_{21}）。由
于两者都混在锰矿石中，所以无法用肉眼
辨别。

▲ 三斜锰辉石（日本爱知县田口矿山产）

阳起石

英文名：Actinolite

化学式：$Ca_2(Mg_{4.5-2.5}Fe^{2+}_{0.5-2.5})Si_8O_{22}(OH)_2$

晶系
单斜晶系

■产状 变质岩、矽卡岩
■相对密度 —————— 3.03 ～ 3.24
■硬度 ———— 5 ～ 6

类别：链状硅酸盐矿物

解理：两组完全解理

光泽：玻璃光泽

颜色 / 条痕色：绿、暗绿 / 白

产地：俄罗斯、加拿大、马达加斯加、日本

● 阳起石（日本爱媛县四国中央市土居町五良津山产）

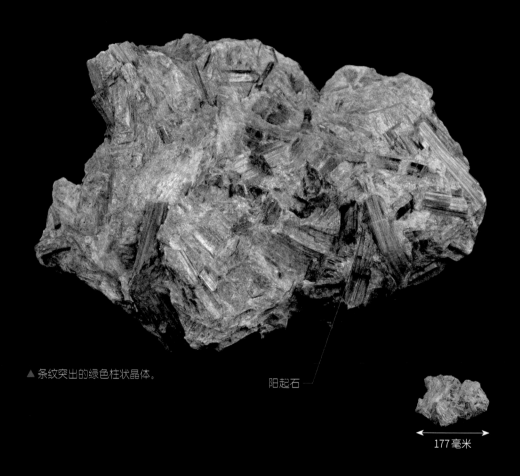

▲ 条纹突出的绿色柱状晶体。

阳起石

177毫米

🔷 富含钙的角闪石超族矿物

　　在已知的 110 多种角闪石超族矿物中，阳起石含钙量丰富。阳起石在变质岩中与滑石和蛇纹岩共生，经常形成绿色长柱状或针状的晶体。

普通角闪石

英文名：Hornblende
化学式：$Ca_2[(Mg, Fe^{2+})_4 Al] (Si_7, Al) O_{22}(OH)_2$

晶系
单斜晶系

- ■产状 岩浆岩、变质岩
- ■相对密度 —————————— 3.1 ～ 3.3
- ■硬度 —————————— 5 ～ 6

类别：链状硅酸盐矿物
解理：两组完全解理
光泽：玻璃光泽
颜色 / 条痕色：暗绿、绿褐、黑 / 灰绿
产地：世界各地

● 普通角闪石（日本长野县诹访郡富士见町池袋西泽产）

47毫米

▲ 两组解理的夹角约为 120 度。

柱状晶体形态的普通角闪石

也有短柱状的普通
角闪石

◆ 普通角闪石是重要的造岩矿物之一

普通角闪石是角闪石类最普遍、最重要的造岩矿物之一。根据镁与铁的比例以及置换铝的 3 价铁的含量，又可以将普通角闪石细分为含镁普通角闪石和含铁普通角闪石。在火山岩中偶尔可见黑色短柱状的斑晶，它在外观上虽与普通辉石相似，但可以通过解理的夹角区分二者。

红硅钙锰矿

英文名：Inesite
化学式：$Ca_2Mn^{2+}_7Si_{10}O_{28}(OH)_2 \cdot 5H_2O$

● 晶系
三斜晶系

■产状 热液矿脉、变质岩
■相对密度 ▽————————3
■硬度 ————▽——— 5.5～6

类别：链状硅酸盐矿物
解理：一组完全解理
光泽：玻璃光泽
颜色／条痕色：粉～肉红／白
产地：南非、中国、美国、澳大利亚

●红硅钙锰矿（日本高知县香美市香北町古井产）

针状或纤维状的显晶集合体

◄———► 47毫米

◆ 放在室外的红硅钙锰矿表面会从棕色变成黑色

　　在日本，红硅钙锰矿主要与热液型金银矿脉伴生，特别是静冈县的河津矿山和汤岛矿山，都产出漂亮的红硅钙锰矿晶体。由于红硅钙锰矿的主要成分含锰，所以在空气中很容易氧化，导致表面从棕色变成黑色。

名字的由来 英文名来源于希腊语，意思是"肉色的纤维"。

紫硅碱钙石

英文名：Charoite

化学式：$(K,Sr,Ba,Mn)_{15-16}(Ca,Na)_{32}[Si_{70}(O,OH)_{180}](OH,F)_4 \cdot nH_2O$

◎ 晶系
单斜晶系

■产状 变质岩
■相对密度 ——————— 2.5
■硬度 ——————— 5 ~ 6

类别：链状硅酸盐矿物

解理：三组完全解理

光泽：玻璃光泽~丝绢光泽

颜色/条痕色：紫/白

产地：俄罗斯

●紫硅碱钙石（俄罗斯产）

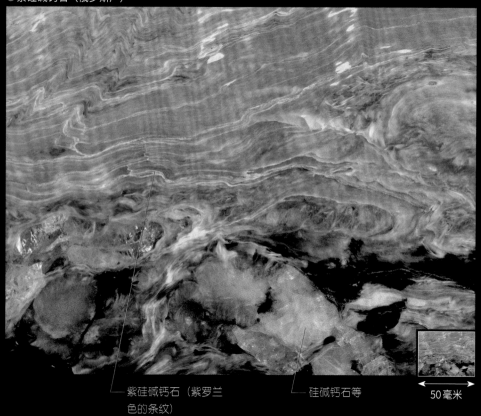

紫硅碱钙石（紫罗兰
色的条纹）

硅碱钙石等

50毫米

◆ 紫硅碱钙石因锰元素而呈鲜艳的紫色

紫硅碱钙石是在俄罗斯阿尔丹地区查罗河流域发现的一种新矿物。目前还未在其他地区发现紫硅碱钙石。紫硅碱钙石在闪长岩和石灰岩的接触带产出，与黑色的霓石、灰绿色的微斜长石、淡黄色的硅碱钙石和淡褐色的硅钛钙钾石共生。紫硅碱钙石因锰元素而呈鲜艳的紫色。

高岭石

英文名：Kaolinite
化学式：Al₂Si₂O₅(OH)₄

晶系
三斜晶系

■产状 热液矿脉、沉积物
■相对密度 —————— 2.6 ～ 2.63
■硬度 —————— 2 ～ 3.5

类别：层状硅酸盐矿物

解理：一组完全解理

光泽：土状光泽

颜色 / 条痕色：白 / 白

产地：中国、日本、英国、德国、美国等

● 高岭石（日本栃木县关白矿山产）

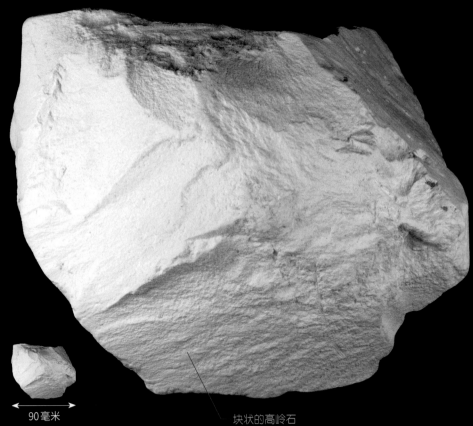

← 90毫米 →

块状的高岭石

◆ 高岭石是作为陶瓷原料的主要黏土矿物

高岭石的名字来源于景德镇附近的高岭村。高岭石作为层状硅酸盐的一种，其硅和铝的层状结构交替沉积，而沉积方式与高岭石不同（相当于同质多象）的迪开石和珍珠陶土都被统称为高岭土。

高岭石晶格中的硅和铝很少被其他

元系直接，所以有时会以白色粉状或块状形式产出。由于受有色矿物或吸附性有机物的影响，高岭石有时也会作为着色集合体产出。

　　高岭石的晶体虽然不会生长到用肉眼可观察到的大小，但在电子显微镜下，能看到它细微的六方板状晶体的集合体。

表面积较宽的板状晶体可与各种分子兼容，具有许多用途。高岭石是一种优良的陶瓷原料，它与水混合后具有黏性，可用于制造餐具、瓷砖、卫生洁具和绝缘体等。除此之外，它还可以用于纸张、玻璃纤维、塑料、橡胶、油漆、药品和农药等。

0.001毫米

● 高岭石的六方板状晶体在透射电子显微镜下的样子

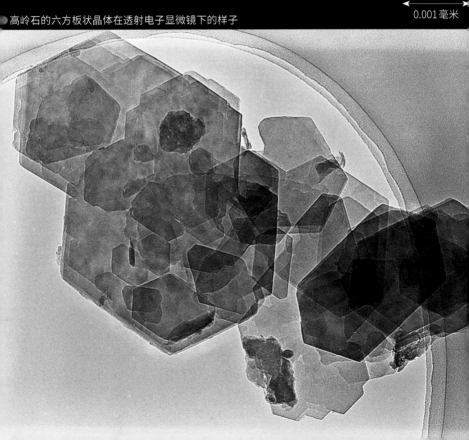

蛇纹石

英文名：Serpentine
化学式：$Mg_6(Si_4O_{10})(OH)_2$

○ 晶系
单斜、六方、斜方晶系

■ 产状 变质岩
■ 相对密度 —／—— 2.6
■ 硬度 —／—— 2.5～3.5

类别：层状硅酸盐矿物
解理：一组完全解理
光泽：树脂光泽、油脂光泽、丝绢光泽、土状光泽
颜色／条痕色：绿～白／白
产地：日本、加拿大、美国、新西兰、俄罗斯等

● 蛇纹石与温石棉（日本北海道山部矿山产）

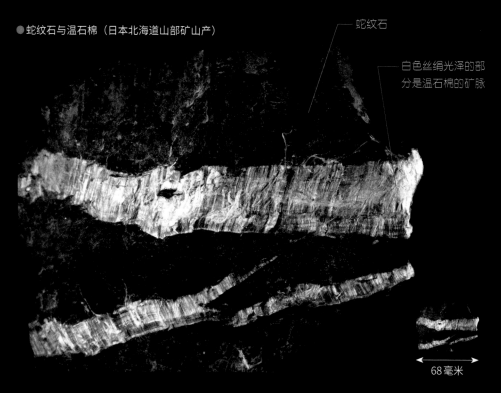

蛇纹石

白色丝绢光泽的部分是温石棉的矿脉

68毫米

◆ 蛇纹石是蛇纹岩的主要矿物，与山体滑坡有关

蛇纹石属于以镁为主要成分的层状硅酸盐矿物一族，由纤蛇纹石（Chrysotile）、叶蛇纹石（Antigorite）和利蛇纹石（Lizardite）组成。除此之外，人们还发现了蛇纹石中的镁被过渡金属（如铁和锰等）置换的矿物种，以及具有分层结构但层积不同的多型体。蛇纹石的晶体结构各有特点，如纤蛇纹石呈管状、利蛇纹石呈平板状、叶蛇纹石呈波浪状且具有超结构。纤维状的纤蛇纹石曾被用作白石棉，但由于它对健康有危害，现在被禁止使用。

滑石

英文名：Talc
化学式：$Mg_3Si_4O_{10}(OH)_2$

晶系
三斜、单斜晶系

■产状 变质岩
■相对密度 ———— 2.58 ～ 2.83
■硬度 ———— 1

类别：层状硅酸盐矿物

解理：一组完全解理

光泽：珍珠光泽

颜色 / 条痕色：白～淡绿 / 白

产地：俄罗斯、澳大利亚、瑞士、法国等

● 滑石（日本长崎县西海市大濑户町产）

淡绿色叶状的滑石

85毫米

🔹 摩氏硬度为 1 的标准矿物

滑石属于与云母有类似层状结构的叶蜡石。与以铝为主要成分的叶蜡石相比，滑石的主要成分为镁。它是软质矿物的代表，是摩氏硬度为 1 的标准矿物。当滑石中的镁被微量的铁置换，还会略微呈绿色。滑石被用作各种工业原料。长石的风化物等不属于滑石的矿物，有时会在中药药房中被当作滑石使用。

白云母

化学式：$KAl_2(Si_3Al)O_{10}(OH)_2$

○晶系
单斜、三方晶系

■产状 变质岩、深成岩、伟晶岩
■相对密度 ———/——— 2.76 ～ 3
■硬度 ———/——— 2.5

类别：层状硅酸盐矿物

解理：一组完全解理

光泽：玻璃光泽、珍珠光泽

颜色 / 条痕色：无色、白、淡绿、淡黄 / 白

产地：俄罗斯、挪威、巴西、美国等

●白云母（日本福岛县郡山市爱宕山产）

65毫米

—— 钠长石等

—— 白云母

◆ 白云母是含钾和铝的纯云母

云母作为层状硅酸盐矿物，有时会形成板状或柱状的自形晶。一层八面体片夹在两层四面体片之间的负电荷层状结构，通过阳离子在层间堆积，形成云母的晶体结构特征。除白云母外，云母超族还包含海绿石、黑云母、金云母、锂云母等矿物。

白云母是一种典型的含钾和铝的纯云母，积层具有多样性，并可以细分成多个多型体。

白云母中的部分铝被铁置换，形成的晶体都带褐色。白云母是一种常见的造岩矿物，有时会在伟晶岩中形成大块的自形晶。

●绢云母（日本岛根县云南市锅屋矿床产）

填充母岩裂缝的热液性白云母细微粒也被称为绢云母（Sericite）。板状的双晶呈放射状集聚的白云母又被称为星云母，它的形态十分有趣。

白云母具有优良的绝缘性、绝热性、耐热性和耐腐蚀性，被广泛地用作各类设备、化妆品和涂料等的材料。

矿物图鉴

●星云母（巴西产）

金云母

英文名：Phlogopite
化学式：KMg$_3$(AlSi$_3$O$_{10}$)(OH)$_2$

○ 晶系
单斜晶系

■产状 岩浆岩、变质岩、矽卡岩
■相对密度 ├———————┤ 2.7～2.85
■硬度 ├——┤ 2.5

类别：层状硅酸盐矿物

解理：一组完全解理

光泽：珍珠光泽、半金属光泽

颜色／条痕色：无色～黄褐、暗褐／白

产地：美国、加拿大、俄罗斯、挪威等

● 金云母（马达加斯加产）

35毫米

金云母（六方短柱状晶体）

◆ 金云母的解理面会产生金黄色的反射光

　　金云母是层间含钾，八面体片含镁的纯云母。当金云母的部分镁被铁置换，会形成黄褐色的晶体，解理面会出现金黄色的反射光。随着铁不断被置换，金云母的颜色会越来越暗。当铁含量超过

例可以有多种，没有限制。金云母和铁云母这一系列矿石都叫作黑云母。金云母的氢氧根离子经常被氟离子置换，从而变成名为氟金云母的其他类的矿物。氟金云母比金云母的耐热性更好。

锂云母

英文名：Lepidolite
化学式：K (Li, Al)$_3$ (Si, Al)$_4$O$_{10}$ (F, OH)$_2$

■产状 矽卡岩

■相对密度 2.8 ～ 2.9

■硬度 2 ～ 3

晶系
单斜、三方晶系

类别：层状硅酸盐矿物

解理：一组完全解理

光泽：珍珠光泽、油脂光泽、玻璃光泽

颜色 / 条痕色：白～红紫 / 白

产地：捷克、俄罗斯、瑞典、巴西、印度等

● 锂云母（马达加斯加产）

锂云母

锂电气石

70毫米

矿物图鉴

🔻 锂云母是锂的重要资源

锂白云母 [Trilithionite，KLi$_{1.5}$Al$_{1.5}$(Si$_3$Al) O$_{10}$F$_2$] 是层间含钾的锂和铝的纯云母，它和多硅锂云母（Polylithionite，KLi$_2$AlSi$_4$O$_{10}$ F$_2$）系列统称为锂云母。除此之外，它们还被称作鳞云母、红云母。锂云母是锂的重要资源。另外，多硅锂云母和铁叶云母 [Siderophyllite，KFe$_2^{2+}$Al (Al$_2$Si$_2$) O$_{10}$ (F,OH)$_2$] 系列统称为铁锂云母。

绿泥石

英文名：Chlorite
化学式：$(Mg, Fe)_5Al(AlSi_3O_{10})(OH)_8$

晶系
单斜、三斜、斜方晶系

- ■产状 热液矿脉、变质岩
- ■相对密度 —— 2.68～3.4
- ■硬度 —— 2～2.5

类别：层状硅酸盐矿物
解理：一组完全解理
光泽：珍珠光泽、土状光泽
颜色/条痕色：淡绿～暗绿、褐、紫/白
产地：澳大利亚、意大利、瑞士、土耳其等

●绿泥石（日本秋田县荒川矿山产）

暗绿色的放射状集合体 —— 石英 ——

26毫米

💎 细微的绿色黏土质晶质集合体

以镁为主要成分的斜绿泥石 [Clinochlore, $Mg_5Al(AlSi_3O_{10})(OH)_8$]、以铁为主要成分的鲕绿泥石 [Chamosite，$Fe_5Al(AlSi_3O_{10})(OH)_8$]，以及锰和镍等置换的化合物构成了绿泥石族。绿泥石的层状结构与云母相似，但绿泥石的层间阳离子被氢氧根离子包围，这也是二者典型的不同之处。绿泥石通常是以细微的黏土质晶质集合体产出，但有时也会呈柱状或板状。

由于绿泥石是因为火山岩的主要造岩矿物受热液作用发生变质而形成的，所以绿泥石的存在成了热液蚀变程度的标准。

名字的由来 由于绿泥石含有微量的铁，经常以绿色的泥状产出，因此被称为绿泥石。

葡萄石

英文名：Prehnite
化学式：$Ca_2Al(Si_3Al)O_{10}(OH)_2$

■ 晶系
斜方晶系

■产状 变质岩、岩浆岩
■相对密度 ————— 2.8～2.95
■硬度 ————— 6～6.5

类别：层状硅酸盐矿物

解理：一组完全解理

光泽：玻璃光泽、珍珠光泽

颜色 / 条痕色：无色、淡绿 / 锡白

产地：南非、法国、德国、印度等

● 葡萄石（日本岛根县松江市美保关町产）　　— 变质的玄武岩

淡绿色的球状、半球状集合体 ——

53毫米

矿物图鉴

◆ 葡萄石的汉字名来源于集合体的形状和颜色

葡萄石的自形晶呈四方板状或针状。细小的晶体常形成葡萄状（球状）集合体，加上微量的铁元素导致其呈类似麝香葡萄般的浅绿色，这是它名字的由来。

葡萄石质量好且半透明的块状集合体可以被打磨成宝石饰品，被称作好望角祖母绿。由于葡萄石具有由硅氧四面体组成的网状结构，因此被归为层状硅酸盐矿物。又因其网状结构会被当成相连的链状结构，有时也会被归为链状硅酸盐矿物。

鱼眼石

英文名：Apophyllite
化学式：$KCa_4Si_8O_{20}(F, OH) \cdot 8H_2O$

晶系
四方、斜方晶系

■产状 岩浆岩、矽卡岩
■相对密度 ———— 2.4
■硬度 ———— 5

类别：层状硅酸盐矿物

解理：一组完全解理

光泽：玻璃光泽、珍珠光泽

颜色 / 条痕色：无色、白、淡黄、淡绿 / 白

产地：澳大利亚、意大利、德国、芬兰、印度等

●鱼眼石（日本岐阜县神冈矿山产）

鱼眼石

← 35毫米 →

◆ 让人联想到鱼眼的鱼眼石

鱼眼石分为氟化物和氢氧化物两类，而氟化物又可分为四方晶系和斜方晶系的多形体。此外，在日本冈山县山宝矿山中，还发现了其斜方晶系的钠的置换种。鱼眼石的自形晶呈四方板状或柱状，透明的晶体光泽良好，解理面出现浑浊后，会让人联想到鱼的眼睛。

鱼眼石的英文名的由来与汉字名不同。鱼眼石加热后会如同落叶般剥落，它的英文名由此而来。二者间联想的差异十分有趣。

硅孔雀石

英文名：Chrysocolla
化学式：$(Cu_{2-x}Al_x)H_{2-x}Si_2O_5(OH)_4 \cdot nH_2O$

晶系
斜方晶系

■产状 氧化带
■相对密度 —————— 1.93～2.4
■硬度 ————— 2.5～3.5

类别：层状硅酸盐矿物	
解理：无	
光泽：玻璃光泽、树脂光泽、土状光泽	
颜色／条痕色：蓝、蓝绿、绿、绿褐、／白	
产地：刚果共和国、智利、美国、俄罗斯	

●硅孔雀石（刚果共和国产）

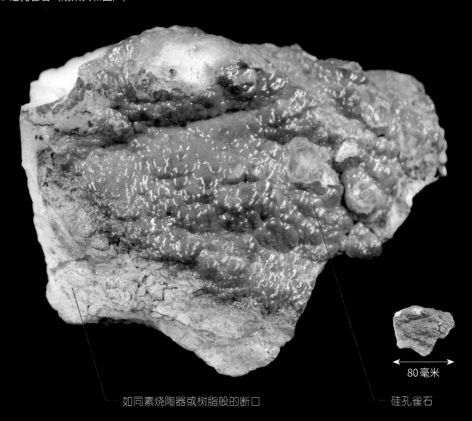

如同素烧陶器或树脂般的断口

80毫米

硅孔雀石

矿物图鉴

🔷 硅孔雀石具有与非晶质十分相似的晶体结构

　　硅孔雀石是一种常见的次生矿物，通常在铜矿的氧化带中可见。虽然它的晶体结构是斜方晶系，但与非晶质十分相似，呈皮膜状、块状、肾状等集合体产出。由于其硬度较低，不能直接加工，但美国产出有硅酸成分渗入的硅孔雀石，抛光后可用作装饰石。

215

方石英

英文名：Cristobalite
化学式：SiO_2

晶系 四方晶系	**类别**：层状硅酸盐矿物
	解理：无
■**产状** 火山岩、沉积物	**光泽**：玻璃光泽
■**相对密度** ———— 2.32～2.36	**颜色 / 条痕色**：无色、白 / 白
■**硬度** ———— 6～7	**产地**：法国、德国、印度、墨西哥

● 方石英（日本静冈县伊东市产）

八面体晶体

1毫米

🔷 方石英在高温下有稳定区

　　方石英在 1470℃以上的高温中拥有稳定区。方石英即使在低温凝固的火山岩孔隙中，也会因为受微量碱性元素等的影响形成结晶。黑曜岩中偶尔可见的灰白色球体，主要是以细小的方石英为主体的团块。还有一些方石英产自低温的沉积岩和低温热液矿脉，其温度比稳定区要低得多。

鳞石英

晶系
单斜、三斜晶系

■产状 火山岩、沉积岩
■相对密度 ——————— 2.25 ～ 2.28
■硬度 ——————— 6.5 ～ 7

类别:	架状硅酸盐矿物
解理:	无
光泽:	玻璃光泽
颜色 / 条痕色:	无色、白 / 白
产地:	法国、德国、斯洛伐克、意大利

●鳞石英（日本静冈县伊豆之国市神岛城山产）

六方板状晶体

←——→
25毫米

矿物图鉴

◆ 鳞石英是在低温下拥有稳定区的二氧化硅矿物

　　鳞石英作为一种二氧化硅矿物，在特定的温度下拥有稳定区。这个温度标准比石英高，但低于方石英。鳞石英与方石英一样，除了在火山岩的孔隙中呈自形晶产出外，低结晶度的鳞石英还会在低温热液中析出晶体。六方板状的自形晶清晰可见，是成为鳞石英的关键。但是，方石英有时也会因为双晶而呈六角板状，容易混淆。

石英

英文名：Quartz
化学式：SiO$_2$

晶系
三方晶系

类别：架状硅酸盐矿物

解理：无

光泽：玻璃光泽

颜色 / 条痕色：无色、白、黑、褐、粉、紫、黄、绿 / 白

产地：巴西、美国、乌拉圭、俄罗斯

■产状 热液矿脉、岩浆岩、伟晶岩、
变质岩、矽卡岩

■相对密度 ———————— 2.7

■硬度 ——————— 7

● 水晶（日本秋田县荒川矿山产）

水晶（前端尖锐的六方柱状晶体）

◄——► 300毫米

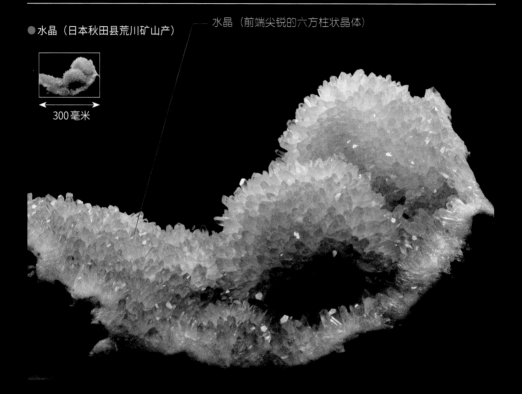

🔶 石英的颜色受微量元素和辐射等影响

　　石英是由地壳中含量前二的元素——氧和硅构成的矿物，大多数岩石都含石英。晶体形态完整的石英被称为水晶。石英受微量元素和辐射等因素的影响，会呈现不同的颜色，具有代表性的有烟（黑）水晶、紫水晶以及黄水晶。天然的黄水晶十分罕见，市场上充斥着经过加热处理而变黄的紫水晶。

紫水晶

产地：巴西、美国、乌拉圭、俄罗斯

● 紫水晶（紫石英，日本宫城县雨塚山产）

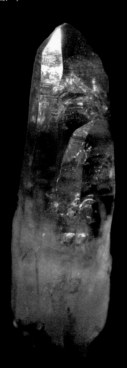

61毫米

小故事

紫水晶颜色的变化

紫水晶的颜色来自晶体中微量的铁离子。如果晶体中只含微量的铁离子，紫水晶会呈无色或非常淡的黄色。当它暴露在辐射下时，一部分铁离子会从三价变为四价，从而形成色心，变成紫色。紫水晶长期暴露在紫外线辐射下或被加热，铁离子会回到更加稳定的三价状态，而它自身会褪色。加热时，紫水晶的颜色通常会由紫色变为黄色（罕见灰色或绿色），直到完全褪色。除此之外，根据加热温度，铁离子还可能会被氧化，呈黄色或深褐色。标本商出售的黄水晶的晶体群，通常是加热后变黄的紫水晶。

玛瑙／玉髓

英文名：Agate/Chalcedony

■产状 火山岩、热液矿脉、伟晶岩、矽卡岩　　　产地：巴西、美国、乌拉圭、俄罗斯

● 玛瑙（巴西产）

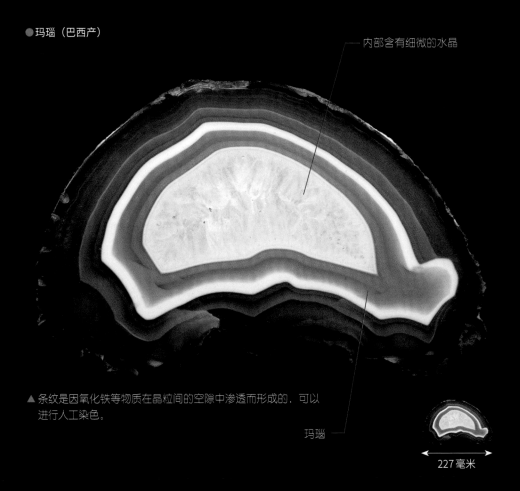

—— 内部含有细微的水晶

▲ 条纹是因氧化铁等物质在晶粒间的空隙中渗透而形成的．可以进行人工染色。

玛瑙

227毫米

◆ 玉髓是一种十分细小的纤维状晶体的集合体

　　以石英为主体，由非常细小的纤维状晶体组成的集合体被称为玉髓。其中，颜色和透明度不同，且具有明显条纹花样的部分被称为玛瑙。

　　玉髓曾被认为是纯净的石英集合体，但它普遍含有另一种名为斜硅石（Moganite）的二氧化硅矿物。它会在火山岩和沉积岩的缝隙中，在低温热液中析出晶体。

● 玉髓（日本茨城县常陆大宫市北富田产）

玉髓（佛头状的集合体）

86毫米

小故事

由多个人名组成的矿物名称

　　以人名命名的矿物有许多。大多数情况下都是使用一个人的姓氏来命名（很少有连名带姓的情况）。不过，也有名称是由三个人的姓氏组成的矿物。1970 年，名为阿姆阿尔柯尔矿石（Armalcolite，即镁铁钛矿）的矿物出现了，其英文名来源于尼尔·奥尔登·阿姆斯特朗（Neil Alden Armstrong）、巴兹·奥尔德林（Buzz Aldrin）和迈克尔·科林斯（M.ichael Collins）这三个人的姓氏。

　　没错，他们就是阿波罗 11 号的航天员。他们在月球的静海区域着陆，在那里的玄武岩中发现了与钛铁矿伴生的新矿物，并取名为阿姆阿尔柯尔矿石。后来，人们又在南非的金伯利岩等地球上的岩石中发现了它。除了镁铁钛矿以外，人们还在从月球上采集到的玄武岩中发现了另一种新矿物，并在 1971 年根据其产地命名为静海石（Tranquillituite）。

矿物图鉴

蛋白石

英文名：Opal
化学式：$SiO_2 \cdot nH_2O$

●晶系
非晶系

■产状 热沉积岩、火山岩
■相对密度 ——▼—— 2.1
■硬度 ——▼—— 6

类别：架状硅酸盐矿物

解理：无

光泽：玻璃光泽～树脂光泽

颜色 / 条痕色：无色、白、黄、橙、红 / 白

产地：澳大利亚、墨西哥

●蛋白石（澳大利亚产）

▲ 断口有树脂般的质感。

蛋白石（具有透明感的游彩部分）

←——→ 35毫米

🔶蛋白石由于光的干涉而产生游彩现象

蛋白石在沉积岩和火山岩的缝隙中从低温热液中沉淀形成。蛋白石作为温泉沉积物，有时呈球形，这种蛋白石被称作鲕状石英。

当这些球体的规格与光的波长一样，且规格相同的球体有规律地排列在一起时，由于光的干涉，会形成蛋白石独有的游彩效应。相关人员在澳大利亚挖出了许多蛋白石化的贝壳化石和恐龙化石。

● 蛋白石（墨西哥产）

火蛋白石

← 35毫米 →

小故事

天然放射性同位素和人工放射性同位素

有些人认为含钴和锶的矿物具有放射性，十分危险。实际上这是个误会，矿物中的钴（^{59}Co）和锶（^{84}Sr、^{86}Sr、^{87}Sr、^{88}Sr）不具有放射性。

医疗用的钴是放射性同位素 ^{60}Co，它是由核反应堆中的中子碰撞产生的。在核反应堆中，放射性锶（^{90}Sr）可以在燃料裂变的过程中产生。如果放射性锶（^{90}Sr）因事故被释放到外界，并且被人体吸收，它能够通过置换人体骨骼中的钙元素而被固定化，长期积累下来，身体会受辐射危害，十分危险。

^{59}Co 和 ^{84}Sr 等元素左上角的数字，是原子核中质子和中子相加得到的数字。那些质子数相同而中子数不同的同一元素的不同原子互称为同位素。矿物中的锶没有放射性，因此被称为稳定同位素。而像铀（^{234}U、^{235}U、^{238}U）这样的放射性物质被称为放射性同位素。

矿物图鉴

●蛋白石（日本北海道纹别市上藻别产）

●蛋白石（日本岐阜县中津川市田原产）

●蛋白石（日本岐阜县中津川市田原产）

蛋白石的折射率很低，乳白色的蛋白石不会产生游彩现象，其质地类似于水煮蛋的蛋白。在岩浆岩的孔隙中，发现了颗粒状或半球形的透明蛋白石，它在紫外线下有时会发出绿色的荧光，因此又被称为玉滴石。

玉滴石

▲ 蛋白石在紫外线下发出荧光。

微斜长石 / 月光石

英文名：Microcline/Moonstone
化学式：K(AlSi₃O₈)

晶系
三斜晶系

- 产状 岩浆岩、伟晶岩、变质岩
- 相对密度 ——————— 2.5～2.6
- 硬度 ——————— 6～6.5

类别：架状硅酸盐矿物
解理：一组完全解理
光泽：玻璃光泽
颜色 / 条痕色：无色、白 / 白
产地：印度、缅甸、斯里兰卡、巴西

● 月光石（朝鲜产）

▲ 完全解理的白色晶体。

从特定方向能看到月光石特有的蓝白光

6毫米

🔹 月光石由于光线干涉而反射蓝白光

　　以钾为主要成分的长石包括微斜长石和透长石（Sanidine），它们统称为正长石。月光石是正长石和钠长石在十分细致的层状交互后形成的宝石。这是因为岩浆结晶时，同时含钾和钠的长石会随着温度的降低而分离（溶离）成正长石和钠长石。受到光线的干涉时，月光石会反射蓝白色的光。

钙长石 / 拉长石

英文名：Anorthite/Labradorite
化学式：Ca(Al$_2$Si$_2$O$_8$)

- 晶系
  三斜晶系

■产状 岩浆岩
■相对密度 ———— 2.61～2.76
■硬度 ———— 6～6.5

类别：架状硅酸盐矿物
解理：一组完全解理
光泽：玻璃光泽
颜色 / 条痕色：无色、白、蓝 / 白
产地：加拿大、马达加斯加、芬兰、乌克兰

● 拉长石（马达加斯加产）

58毫米

▲ 解理是清晰的灰色晶体。

—— 拉长石（从不同的视角可以看到彩光）

◆ 拉长石中富含钠和钙的部分交织呈条纹状

富含钙或钠的长石被统称为斜长石，其中富含钙的叫钙长石，富含钠的叫钠长石（Albite）。中间成分含钙较多的斜长石（如拉长石）晶体，在冷却、凝固的过程中分离（溶离），富含钠的部分和富含钙的部分反复交织，呈条纹状（层状）。当这些条纹的间距达到光的波长时，会出现彩光。人们根据首次发现它的地方（加拿大拉布拉多半岛），将它命名为拉长石。

霞石

英文名：Nepheline
化学式：$Na_3K(Al_4Si_4O_{16})$

晶系
六方晶系

类别：架状硅酸盐矿物

解理：三组不完全解理

光泽：玻璃光泽～树脂光泽

颜色／条痕色：无色、白、灰、淡黄／白

产地：阿富汗、加拿大、意大利、德国、摩洛哥

■产状 岩浆岩
■相对密度 —————— 2.6 ～ 2.7
■硬度 —————— 5.5 ～ 6

● 霞石（日本岛根县滨田市长滨町产）

—— 自形晶呈六方板状或柱状

◄——► 2.5毫米

◆ 富含碱金属和铝的霞石

　　霞石与长石相似，但比长石的硅酸含量少，碱金属、碱土金属和铝的含量多。此类矿物统称为似长石。

　　霞石是造岩矿物，在硅酸含量低的闪长岩中经常可见。日本的岩浆岩基本上都含有丰富的硅酸成分，所以含霞石的闪长岩的产量有限，其中最著名的产地是岛根县滨田市。

青金石

英文名：Lazurite
化学式：$Na_7Ca(Al_6Si_6O_{24})(SO_4)(S_3)^{1-} \cdot nH_2O$

晶系
等轴晶系

■产状 矽卡岩
■相对密度 ———— 2.38～2.45
■硬度 ———— 5～5.5

类别：架状硅酸盐矿物
解理：无
光泽：玻璃光泽
颜色／条痕色：深蓝／蓝
产地：阿富汗、俄罗斯、智利、阿根廷

● 青金石（阿富汗产）

50毫米

—— 独特的蓝色

◆ 被用作蓝色颜料和装饰品的青金石

青金石这个名字比较常见，但拥有相似颜色的方钠石和蓝方石有时也会被称为青金石。青金石在晶粒灰岩中与金色的黄铁矿共生。阿富汗是著名的青金石产地，青金石通过丝绸之路传入欧洲、埃及和日本。青金石之所以呈蓝色，是其晶体结构中硫的电子态导致的。

方柱石

英文名：Scapolite
化学式：$(Ca, Na)_4 (Si, Al)_{12}O_{24}(CO_3, SO_4, Cl)$

晶系
四方晶系

■产状 变质岩、矽卡岩、岩浆岩
■相对密度 —————— 2.5～2.78
■硬度 —————— 5～6

类别：架状硅酸盐矿物
解理：四组中等解理
光泽：玻璃光泽
颜色 / 条痕色：白、无色、灰、粉、紫、黄、黄褐 / 白
产地：美国、意大利、中国、坦桑尼亚

● 方柱石（加拿大产）

条纹突出的柱状晶体

方解石

110毫米

◆ 方柱石在矽卡岩中以长柱状的自形晶产出

　　根据钙和钠的比例不同，方柱石被分为钙柱石（Meionite）和钠柱石（Marialite）。它除了主要在矽卡岩中以长柱状自形晶产出外，基性岩浆岩中的长石受变质作用，也会被置换成方柱石。方柱石在紫外线下有时会发出黄色荧光。日本长野县川上村的甲武信矿山产出伴有钙铁辉石的大型方柱石自形晶。

方沸石

英文名：Analcime
化学式：Na(AlSi$_2$O$_6$)·H$_2$O

- 晶系
等轴、四方晶系等

■产状 火山岩、伟晶岩

■相对密度 —————— 2.24～2.29

■硬度 —————— 5～5.5

类别：架状硅酸盐矿物

解理：三组不完全解理

光泽：玻璃光泽

颜色 / 条痕色：白、无色、灰、粉、黄、绿 / 白

产地：加拿大、美国、意大利、日本

● 方沸石（日本东京都父岛产）

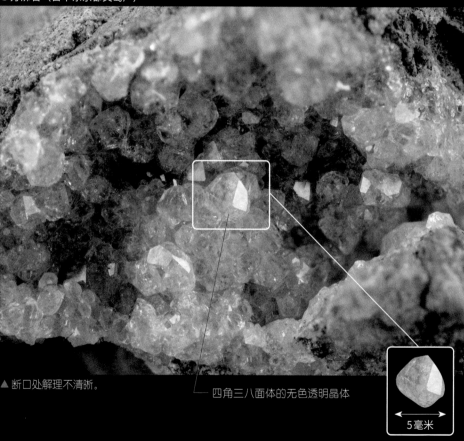

▲ 断口处解理不清晰。

—— 四角三八面体的无色透明晶体

5毫米

🔹 方沸石的结构中含有碱离子和水分子

　　方沸石属于沸石（Zeolite）族，其架状的晶体结构是由硅氧四面体在架状结构中连接形成的，空隙含有碱离子和水分子。方沸石在火山岩的缝隙和伟晶岩中，呈类似石榴石的四角三八面体产出。它和斜钙沸石（Wairakite）拥有类似的晶体轮廓，因此很难用肉眼进行区分，但有时可以通过共生沸石的种类来判断。

支撑催化剂产业的矿物——沸石

沸石属于铝硅酸盐族，其晶体结构中的空隙较大，呈架状或管状。

● "沸腾的石头"

沸石晶体结构中的水分子在加热后会蒸发，看起来就像沸腾了一样，因此沸石的英文名是由希腊语 "zeo"（沸腾）和 "lithos"（石头）组合而成的。

除了水分子外，晶体结构的空隙中还含有碱金属和碱土金属离子，它们可以在不破坏晶体骨架结构的情况下进出。一般来说，离子半径越大，越容易被吸附。例如，将含有钠的沸石粉末加入含有铯的溶液里，铯将通过晶体结构中的空隙被吸附到晶体内，晶体的部分钠则会溶解到溶液中。

●查看洗衣液

沸石的吸附能力和离子交换能力被广泛地应用于日常生活中。如果你认为自己从未使用过沸石，那么可以先查看一下家里的洗衣液。你是否在成分表中看到了沸石或铝硅酸盐？这些都是水质改良剂，它们将水中的钙离子和镁离子与合成沸石中的钠交换，从而降低水的硬度。

吸附水槽中的氨的净化剂或猫砂，有时也会使用合成沸石或天然沸石。沸石是制造分子筛的重要物质，它能作为筛选特定大小分子的分子筛，也能作为使分子在空隙中相互反应的催化剂。另外，它对汽油提炼也至关重要。

●取之不尽的资源

工业用的沸石并非大而美的晶体，也无法用肉眼看到。它们是合成粉末，或含有大量丝光沸石、斜发沸石的沸石岩。

沸石岩是凝灰岩受变质作用而发生沸石化的产物。日本随处可见的绿色凝灰岩也是沸石的一种。它们是取之不尽的资源。

●灰十字沸石（日本东京都父岛产）

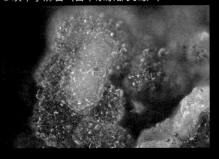

中沸石

英文名：Mesolite
化学式：$Na_2Ca_2(Si_9Al_6)O_{30}·8H_2O$

○ 晶系
斜方晶系

■产状 火山岩

■相对密度 ————— 2.26

■硬度 ————————— 5

类别：架状硅酸盐矿物

解理：两组完全解理

光泽：玻璃光泽

颜色 / 条痕色：无色、白、灰、黄 / 白

产地：印度、丹麦、冰岛

● 中沸石（日本长野县上田市手冢产）

中沸石

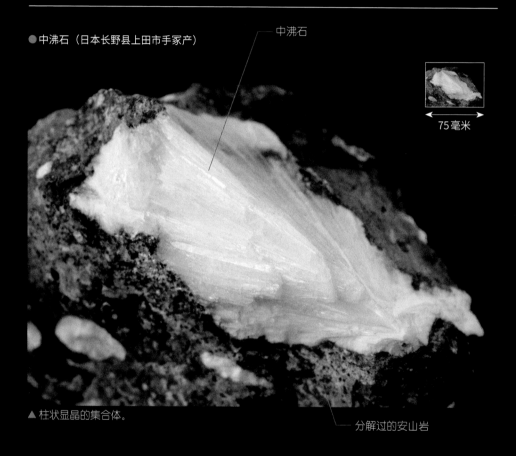

75毫米

▲ 柱状显晶的集合体。

分解过的安山岩

◆ 中沸石的晶体形态呈针状或长柱状

中沸石、钙沸石、钠沸石都具有针状或长柱状的晶体形态，并且在结构上有关联。钠沸石对钙沸石来说，相当于其中间成分，它的英文名源自希腊语，意为"中间"。这三种沸石可以在同一标本中共存，有时晶体的底部和顶端会变成不同类型的沸石。来自印度波那玄武岩洞穴的沸石标本尺寸巨大且十分美丽，并因此而闻名。

钙沸石

英文名：Scolecite
化学式：Ca(Si$_3$Al$_2$)O$_{10}$·3H$_2$O

● 晶系
单斜晶系

■产状 火山岩
■相对密度 ———— 2.25 ~ 2.29
■硬度 ———— 5 ~ 5.5

类别：架状硅酸盐矿物

解理：两组完全解理

光泽：玻璃光泽

颜色 / 条痕色：无色 / 白

产地：印度、加拿大、冰岛、日本

● 钙沸石（印度马哈拉施特拉邦产）

150毫米

🔷 印度的钙沸石标本举世闻名

　　钙沸石虽然在外观上与钠沸石和中沸石相似，但属于不同的晶系。我们可以将两块偏振板叠放在一起，且不让光线穿透，将沸石晶体放在偏振板之间，通过检查光线的穿透情况来辨别。不断转变沸石的晶体方向进行观察，会发现钙沸石的晶体延长方向与偏振方向相比，倾斜了 16 ~ 18 度，而钠沸石的晶体延长方向与偏振方向平行，中沸石则是在两者之间，在这个范围内，光线会消失（没有光线透过）。另外，钠沸石和中沸石的断面呈四角柱状，而钙沸石因为有时会形成双晶，导致断面变得扁平。

矿物图鉴

片沸石

学　名：Heulandite

化学式：$NaCa_4(Si_{27}Al_9)O_{72} \cdot 24H_2O$

晶系
单斜晶系

■产状 火山岩
■相对密度 ————— 2.18 ～ 2.22
■硬度 ————— 3.5 ～ 4

类别：架状硅酸盐矿物

解理：一组完全解理

光泽：玻璃光泽～珍珠光泽

颜色 / 条痕色：无色、白、灰、黄 / 白

产地：印度、意大利、美国、日本

●片沸石（日本东京都父岛产）

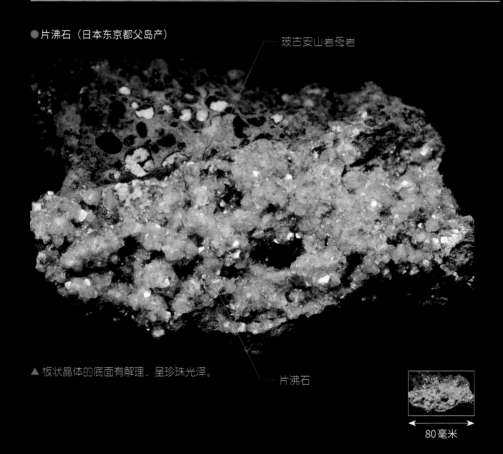

玻古安山岩母岩

▲ 板状晶体的底面有解理，呈珍珠光泽。

片沸石

80毫米

💎片沸石的解理面呈珍珠光泽，独具特色

片沸石在火山岩的空隙中呈板状或柱状的显晶集合体产出。解理面呈一种特有的珍珠光泽。有些种类的片沸石含大量的钾、钡或锶，而非钠或钙。精美的片沸石标本到处都有，特别是在印度，又大又美的片沸石晶体与束沸石或鱼眼石一同产出。日本东京都父岛也产出过大块片沸石晶体。

234

汤河原沸石

学　名：Yugawaralite
化学式：Ca(Si$_6$Al$_2$)O$_{16}$·4H$_2$O

■ 晶系
单斜晶系

■产状 火山岩、热液矿脉
■相对密度 ———— 2.2～2.23
■硬度 ———— 4.5～5

类别：硅酸盐矿物

解理：无

光泽：玻璃光泽

颜色／条痕色：无色～白、淡粉／白

产地：日本、美国、冰岛、新西兰、印度等

● 汤河原沸石（日本神奈川县汤河原町不动泷产）

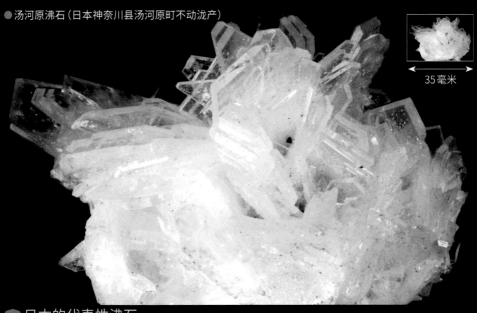

35毫米

◆ 日本的代表性沸石

　　汤河原沸石在火山岩，特别是安山岩的岩脉中形成并产出。汤河原沸石于1952年在日本神奈川县汤河原温泉被发现，随后又在伊豆半岛的土肥和下田被发现，岩手县的葛根田温泉地区也有产出。其他国家也有产出，如美国的黄石公园、冰岛和新西兰等地的地热地带。在火山岩和岩脉空隙中发现的汤河原沸石晶体，就像扑克牌中方块的尖锐部分被稍微切断了一样，呈细长的六方板状。

　　柱沸石（Epistilbite）的化学成分中有比汤河原沸石更多的结晶水。柱沸石的晶体如同厚厚的信封，根据这一特点就可以区分它与汤河原沸石。大多数沸石都可溶于稀盐酸，但汤河原沸石不能。世界上已知的沸石有100多种，日本产的沸石除了汤河原沸石以外，还有铵白榴石。它是1997年沸石的定义被扩大后，才被列入沸石家族的。

矿物图鉴